機械系コアテキストシリーズ C-3

エネルギー変換工学

鹿園 直毅
著

▼

コロナ社

機械系コアテキストシリーズ
編集委員会

刊行のことば

このたび，新たに機械系の教科書シリーズを刊行することになった。

シリーズ名称は，機械系の学生にとって必要不可欠な内容を含む標準的な大学の教科書作りを目指すとの編集方針を表現する意図で「機械系コアテキストシリーズ」とした。本シリーズの読者対象は我が国の大学の学部生レベルを想定しているが，高等専門学校における機械系の専門教育にも使用していただけるものとなっている。

機械工学は，技術立国を目指してきた明治から昭和初期にかけては力学を中心とした知識体系であったが，高度成長期以降は，コンピュータや情報にも範囲を広げた知識体系となった。その後，地球温暖化対策に代表される環境保全やサステイナビリティに関連する分野が加わることになった。

今日，機械工学には，個別領域における知識基盤の充実に加えて，個別領域をつなぎ，領域融合型イノベーションを生むことが強く求められている。本シリーズは，このような社会からの要請に応えられるような人材育成に資する企画である。

本シリーズは，以下の5分野で構成され，学部教育カリキュラムを構成している科目をほぼ網羅できるように刊行を予定している。

A：「材料と構造」分野

B：「運動と振動」分野

C：「エネルギーと流れ」分野

D：「情報と計測・制御」分野

E：「設計と生産・管理」分野

また，各教科書の構成内容および分量は，半期 2 単位，15 週間の 90 分授業を想定し，自己学習支援のための演習問題も各章に配置している。

工学分野の学問内容は，時代とともにつねに深化と拡大を遂げる。その深化と拡大する内容を，社会からの要請を反映しつつ高等教育機関において一定期間内で効率的に教授するには，周期的に教育項目の取捨選択と教育順序の再構成が必要であり，それを反映した教科書作りが必要である。そこで本シリーズでは，各巻の基本となる内容はしっかりと押さえたうえで，将来的な方向性も見据えることを執筆・編集方針とし，時代の流れを反映させるため，目下，教育・研究の第一線で活躍しておられる先生方を執筆者に選び，執筆をお願いしている。

「機械系コアテキストシリーズ」が，多くの機械系の学科で採用され，将来のものづくりやシステム開発にかかわる有為な人材育成に貢献できることを編集委員一同願っている。

2017 年 3 月

編集委員長　金子 成彦

まえがき

地球温暖化防止や，燃料や素材といった天然資源の安定供給は，わが国だけでなく全世界的にもますます重要な社会課題となっている。産業革命以降発展してきたこれまでのエネルギー技術は，化石燃料や資源が安価で大量に安定に供給されることを前提にしたものであり，今後はエネルギー供給，転換，需要，循環など，あらゆる場面で技術の大幅な見直しが必要となってくる。技術開発においても，これまでは開発の方向性は所与のものでなにをすべきか明確だったものが，今後はなにをすべきかという出発点から考え直さなければならない時代となった。この大きなパラダイムシフトを乗り越えるためには，原理原則に立ち返ってゼロベースでなにが最善なのかを考える力が不可欠である。熱力学はそのための最強の知識体系であり，基礎基盤を与えるものである。ただ，熱力学に苦手意識を感じ，実用的に使いこなすことに不安を覚える人も多いと思われる。

本書は，大学の学部などで熱力学を一度学んでエンタルピーやエントロピーなどはもちろん知ってはいるものの，その意味や使い方について，いま一つ自信がもてない大学院の学生や，熱力学についての知識をさらに深めて実際の機器設計に生かすために改めて勉強し直したい社会人などを主な対象としている。そのため，大学の学部教育で学ぶ熱力学について最低限の知識はすでにもっていることを前提として，熱力学第一法則や熱力学第二法則，状態量などの熱力学の基本的な内容の解説については最小限なものにとどめている。このような基礎的な内容は他の一般的な熱力学の教科書に譲り，本書は高効率なエネルギー変換機器の設計やエネルギー利用を目指す上で，熱力学を使いこなすための基本的な考え方や実用的な意味を学ぶことについて焦点を絞ったものとなっている。したがって，すでに所有している通常の熱力学の教科書も本書の横に携えてセットで読んでいただきたい。

熱力学は工学の中心をなす学問の一つであるが，実はとても実用的で便利な知識体系でもある。エネルギー資源の有効利用や地球温暖化防止も，その解決のためには熱力学を理解することが不可欠であり，熱力学を知らずしてエネルギー・環境問題は語れないといっても過言ではない。いきなり抽象的な概念や状態量などが天下り的に数多く出てきたり，難しい数式が展開されていたりすることが，多くの人に熱力学が難解だと感じさせる主な理由ではないかと思う。

エンタルピーやエントロピーなど，一体なんの役に立つのだろうと思う人も多いかもしれない。しかしながら，これらが導入されたのはそれなりの背景や理由があり，その動機や視点は非常にシンプルなものである。なぜ，エンタルピー，エントロピー，ギブス自由エネルギーという状態量が導入されたのか，そしてそれらがいかに便利なのか，といったことを認識することが理解の近道だといえる。一言でいえば，エネルギー利用においては「仕事」および「熱」を知ることが主たる目的であって，「状態量」はどちらかといえば結果として系内で変化するものであり，また「仕事」と「熱」を利用するという目的を実現するために必要となる単なる手段だということである。外界（周囲）にいるわれわれにとっては，系とやり取りする「仕事」と「熱」（そのうち特に仕事）こそが重要であって，「仕事」と「熱」がどれだけ取り出せるのか（あるいはどれだけ投入する必要があるのか）を議論するために，それに対応して系の内部で変化する状態量を考えるのである。

このように便利に定義された状態量のおかげで，やり取りする「仕事」と「熱」がどれだけの総量なのか（第一法則），そしてそのうち特に重要な「仕事」が最大どれだけ取り出せるのか，そしてどれだけ目減りするのか（第二法則），といったことを簡単に知ることができる。本書では，このように他の熱力学の教科書とはやや異なった表現で熱力学を記述するが，この見方に立つと，熱力学がいかに便利でありがたい知識体系であるかがよく理解できると思う。

ま　え　が　き

本書では，エネルギー利用の目的である「仕事」や「熱」から見たときに，熱力学がどのように体系づけられているのか，そしてそれをエネルギー機器の設計や利用にどのように活用できるのかについて学ぶ。なお，太陽光や風力といった再生可能エネルギーの変動型電力が将来にわたって大きく増加することが期待される。このような変動型再生可能エネルギーを貯蔵・備蓄する意味でも，電池や電気化学による電力と化学エネルギーの高効率変換は今後とも非常に重要であり，本書ではこれまで機械工学の分野ではあまり扱われてこなかった電気仕事についても扱う。また，本書では機械工学，化学，電気化学など，これまでそれぞれが独自に発展してきた分野の内容を扱っているため，圧力の単位に bar や atm が混在していたり，kg や mol 基準であったり，その都度慣例に従ったものを使用している。読まれる際には，ご注意願いたい。

最後に，本書が将来のエネルギー問題を解決してくれるであろう若い方々に少しでもお役に立てば幸甚である。

2023 年 2 月

鹿園　直毅

目　次

4章　エクセルギー（有効エネルギー）

5章　電　　池

6章　エネルギー問題と熱力学

1章 「仕事」と「熱」の総量

◆本章のテーマ

エネルギー利用においてわれわれが実際に使う仕事と熱が主たる目的であり，本書でも基本的に熱力学を仕事と熱を中心とした視点からとらえる。すなわち，われわれが仕事や熱を使った結果として系内で増減する状態量（エネルギー）を考える。本章では，われわれがよく遭遇する定圧の閉じた系と定常流動系を例に，系から取り出したり加えたりする「仕事」と「熱」の総量，およびその結果として系内で増減する状態量である「エンタルピー」の関係について学ぶ。なお，本章では，損失のない可逆的なプロセスを対象とする。

◆本章の構成（キーワード）

◆本章を学ぶと以下の内容をマスターできます

☞ 仕事・熱と状態量の違い

☞ 定圧の閉じた系と定常流動系におけるエンタルピーの意味

☞ 膨張仕事，工業仕事，流動仕事，非膨張仕事の違い

1.1 概　　要

われわれはガソリンや都市ガスといったエネルギーを使っているが，ガソリンやガスがほしくてこれらを買っているわけではない。本当に必要なのは，車の動力やお風呂の暖かさといった仕事や熱である。仕事や熱が必要だからエネルギーキャリアであるガソリンや都市ガスを買ったのであって，ガソリンや都市ガス自体は目的ではない。座学用の熱力学はさておき，実用的なエネルギー利用を目的とした熱力学では，この視点が特に重要である。われわれが直接使う仕事や熱があくまでも主役であり，仕事や熱を使った結果として系内で増減する状態量（エネルギー）は，ここではどちらかといえば脇役である。

このような理由で，本書では，われわれが系とやり取り（変換）する仕事および熱と，その結果として系内で変化する状態量（内部エネルギー，エンタルピー，エントロピー，ギブス自由エネルギーなど）とを明確に区別する。以下では，われわれが日常よく遭遇する定圧の閉じた系と定常流動系を例に，われわれが実際に使ったり投入したりする「仕事」と「熱」，およびその結果として系内で増減する状態量である「エンタルピー」の関係について考えてみる。なお1章では，損失のない**可逆プロセス**（reversible process）を対象とする。

1.2 定圧の閉じた系

物質の流入や流出はないが，仕事や熱のやり取りはある系を，**閉じた系**という。本節では，圧力が一定の閉じた系を加熱あるいは冷却する場合を考えてみよう。定圧では体積は変化し得るので（$\mathrm{d}V \neq 0$），閉じた系の損失のない場合に成り立つ**熱力学第一法則**（the first law of thermodynamics）$\delta Q = \mathrm{d}U + p\mathrm{d}V$ から明らかなように，加熱量 δQ と**内部エネルギー**（internal energy）の変化 $\mathrm{d}U$ とは等しくならない†。つまり，**状態量**（quantity of state, state quantity,

† ここで，dは微小な差分量を，δは単に小さい量であることを表す。つまり，$\mathrm{d}U$ は状態量 U の微小変化量であり，δQ は単に小さい Q のことである。同様に δL は微小な仕事 L である。熱や仕事は状態量ではないので，差分とか変化量という概念はない。

state variable）である内部エネルギーの変化量 $\mathrm{d}U$ がわかっていても，**膨張仕事**（expansion work，pressure–volume work，displacement work）$p\mathrm{d}V$ を計算しないかぎり，やり取りした熱の量 δQ を求めることはできない。どれだけ熱を加えなければならないか，あるいはどれだけ熱が取り出せるのかを知りたい人にとって，これはたいへん不便である。そこで，定圧（$\mathrm{d}p = 0$）の場合について，熱力学第一法則を以下のように書き換える。

$$\delta Q = \mathrm{d}U + p\mathrm{d}V = \mathrm{d}U + p\mathrm{d}V + V\mathrm{d}p = \mathrm{d}(U + pV) \tag{1.1}$$

なお，上式は暗黙的に相対座標系で定義されているため，位置エネルギーや運動エネルギーが明示的に現れない。また，繰返しになるが式 (1.1) では損失も無視されている。

損失が無視されていることは，以下のような事例を考えれば明らかである。例えば，固定された閉じた系の一端にピストンが取り付けられていて，そのピストンが外向きに動いている場合を考えてみよう。可逆過程では系内の圧力は一様で，ピストン表面も系の圧力 p で準静的に押されて外界に仕事をする。ただ，実際にはピストンに接している気体分子はピストンと同じ速度で動いており，他の固定境界に接した分子は静止している。このピストン近くの気体がピストンと同じ速度で動くためには，シリンダ内にこの気体を動かすための圧力勾配が必要である。つまり，不可逆な過程ではピストン近くの局所圧力は系の平均圧力 p よりも低くなっていて，これはすなわち不可逆過程における仕事は $p\mathrm{d}V$ とは表記できず，系が外界になす仕事は可逆の場合の $p\mathrm{d}V$ よりも小さいことを意味している。**運動量保存則**（law of conservation of momentum）から導かれる運動エネルギーの式を全エネルギーの保存式から減じると，結果として粘性散逸項（$\geqq 0$）が現れるのであるが，$\delta Q = \mathrm{d}U + p\mathrm{d}V$ ではそれが無視されている。

式 (1.1) において，$U + pV$ を改めて**エンタルピー**（enthalpy）$H \equiv U + pV$ として定義すると

$$\delta Q = \mathrm{d}H \qquad (\text{定圧}) \tag{1.2}$$

と表され，熱の出入りとエンタルピー変化量とが 1 対 1 に対応する。つまり，

定圧の閉じた系では，膨張仕事 pdV を計算して内部エネルギー変化に足すという面倒な計算をしなくても，系の状態量であるエンタルピーの変化量さえわかれば，やり取りされる熱量をただちに知ることができる。なお，U も p も V もすべて状態量なので，当然エンタルピー H も状態量である。

われわれが系とやり取りする熱と等しくなるように，エンタルピーという状態量を定義したのだと考えるとわかりやすい。例えば，やかんでお湯を沸かすとき，どれだけ加熱すればよいのか（= どれだけ燃料を買えばよいのか）がわれわれの関心事である。このことをやかんとその中の水および発生する水蒸気を取り囲む**検査体積**（control volume）をとって考えてみる。加熱すると，水の内部エネルギーが増加（温度が上昇）して，やがてやかんから水蒸気が噴き出し，部屋の中の空気を押しのけて広がる。この空気を押しのける膨張仕事 pdV の分だけ，内部エネルギーの増加 dU よりも余計に加熱する必要があるのである。すなわち，加熱量は最初の水と蒸発した水蒸気の内部エネルギー差ではなく，これに膨張仕事を加えたエンタルピー差に等しい。

他の例として，例えばプロパンを燃焼させたとき（$C_3H_8 + 5O_2 \rightarrow 3CO_2 + 4H_2O$）にわれわれが使える熱を考えてみる。この反応では，プロパン 1 モルと酸素 5 モルの計 6 モルから，二酸化炭素 3 モルと水蒸気 4 モルの計 7 モルが発生するので，圧力一定では体積が増加して周囲の空気を押しのける。その仕事の分だけ，われわれが利用できる熱は内部エネルギー変化よりも少ない。この場合も実際に使える熱の量は，反応物と生成物の内部エネルギー差ではなく，エンタルピー差である。

化学反応や相変化など，工業上重要な変化は定圧で進行する場合が多い。エンタルピーさえ定義しておけば，単にプロセス前後のエンタルピーの差分をとるだけで熱量を求めることができ，たいへん便利である。これが，エンタルピーが重宝される最大の理由である。反応熱や潜熱を求めるのに，プロセスでの膨張仕事 pdV を計算し，これと内部エネルギー変化とを足し合わせたりしていたら，面倒この上ない。なお，機械工学では外部から加熱される熱を正，外部へなす仕事を正と定義する。したがって，**図 1.1** において系から外界に向

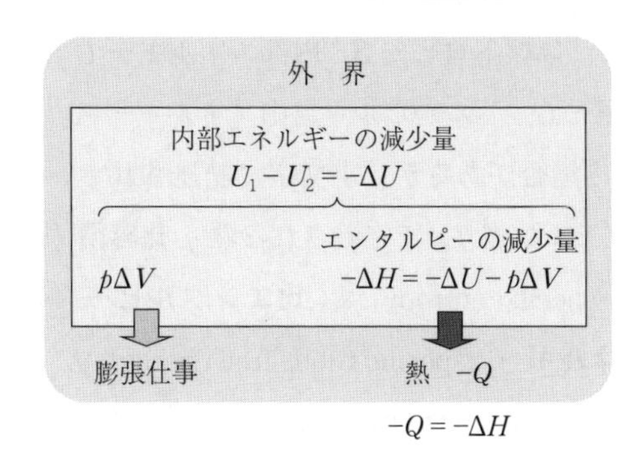

図 1.1　定圧の閉じた系における熱とエンタルピーの関係

かって移動する熱に負号が付いているのは，$-Q$（>0）の熱が放熱されたことを表している。

ちなみに，伝熱の分野でよく使われる**温度伝導率**（**熱拡散率**，thermal diffusivity）$\alpha = \lambda/\rho c_p$ という物性値は，**定積比熱**（specific heat at constant volume，constant volume specific heat，isovolumetric specific heat）c_v ではなく**定圧比熱**（specific heat at constant pressure，constant pressure specific heat，isobaric specific heat）c_p が用いられている。これは，温度の式が内部エネルギーではなくエンタルピーの式から導かれているからである（定圧では $\delta q = \mathrm{d}h = c_p \mathrm{d}T$，ここで T は温度である）。われわれは，流れの動圧に比べて大気圧 10^5 Pa という相対的に高圧の世界，つまり熱力学的に定圧とみなせる世界（$p\mathrm{d}V$ は無視できないが，$-V\mathrm{d}p$ は無視できる世界）に生活している。化学実験も試験管やフラスコの中で，大気圧下で行われる場合が多い。密閉容器で実験して破裂したら，たいへん危険である。現実の世界では，定積プロセスよりも定圧プロセスを扱うことのほうが圧倒的に多いのである。

多くの人が初めて熱力学を学んだときに，内部エネルギー U に pV を足したものとはいったい物理的になにを意味するのだろうか？と悩んだのではないかと思う。エンタルピーは，上述したようにわれわれがよく遭遇する定圧という条件下において，われわれが扱う熱を求めるときに便利なように定義されたというだけのことである。われわれが利用しない膨張仕事ははっきり区別して考えていますよ，ということを明確にしたにすぎない。

なお本書では，熱 Q，体積 V，エントロピー S，内部エネルギー U，エンタルピー H，ギブス自由エネルギー G，ヘルムホルツ自由エネルギー A，エクセルギー E に小文字の表記を使う場合があるが，小文字で記述されているものは単位質量当り（あるいは単位モル数当り）で定義される熱 q, **比容積**（specific volume）v，**比エントロピー**（specific entropy）s，**比エンタルピー**（specific enthalpy）h，**比ギブス自由エネルギー**（specific Gibbs free energy）g，**比ヘルムホルツ自由エネルギー**（specific Helmholtz free energy）a，**比エクセルギー** e（specific exergy）であることを表す。

例題1.1

熱力学でよく用いられる第一法則の式 $\delta Q = \mathrm{d}U + p\mathrm{d}V$ は，**エネルギー保存則**（law of conservation of energy）から導かれるが，あくまでも損失がない場合に成り立つ式である。損失がある場合に，上述したピストン以外にこの式が成り立たなくなる例を示せ。

解答

例えば，断熱された（$\delta Q = 0$）静止した剛体の箱（$\mathrm{d}V = 0$）の中に，注射針を使って流体を注入して，箱を閉じた場合を考える。流体は初期に乱れた状態にあるが，いずれ乱れは粘性によって減衰して静止する。$\delta Q = \mathrm{d}U + p\mathrm{d}V$ の式からは $\mathrm{d}U = 0$ となるはずだが，実際には粘性散逸により内部エネルギーが増加するため，$\mathrm{d}U = 0$ とはならない。

■

例題1.2

保存量（conserved quantity）とはなにか？

解答

一般に，検査体積における物理量のバランスを考えると，① 質量をもった実態として境界から流入・流出する量，② 検査体積内で生成・消滅する量，③ 異なる形態として外界とやり取り（変換）される量，の三つが検査体積において増減する結果として，④ 検査体積内の物理量が時間的に増減する。保存量とは，

④の時間的に増減がない物理量ではなく，②の生成・消滅がない物理量のことである。**質量**（mass），**運動量**（momentum），**エネルギー**（energy）は，勝手に湧（わ）き出てきたり，なくなったりしないので保存量である。③の異なる形態として外界とやり取りされる量とは，運動量であれば力積（力×時間）であり，エネルギーであれば仕事と熱である。保存量であっても，①や③の結果として，④のように時間変化がゼロとならない（物理量が増減する）ことはもちろんあり得る。■

1.3　定 常 流 動 系

仕事や熱だけでなく，物質も流入したり流出したりする系を，**開いた系**（open system）という。さらに，検査体積や流入出量が時間的に一定の開いた系を，**定常流動系**（steady flow system）と呼ぶ。**図 1.2** のように，質量が m で体積が V_1 の流体が速さ w_1 で流入し，体積 V_2 となって速さ w_2 で流出する定常流動系のエネルギー保存は，以下のように表される。

$$\underbrace{\underbrace{U_1 + p_1 V_1}_{H_1} + m\frac{w_1^2}{2}}_{H_{t1}} + mgz_1 = \underbrace{\underbrace{U_2 + p_2 V_2}_{H_2} + m\frac{w_2^2}{2}}_{H_{t2}} + mgz_2 + L_t - Q \quad (1.3)$$

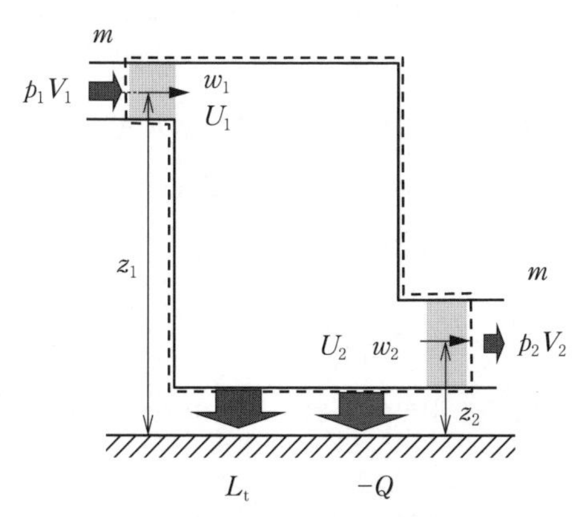

図 1.2　定 常 流 動 系

ここで，入口および出口における流体の流れ方向の熱伝導は，通常の場合は非常に小さいので無視している。

pV は**流動仕事**（押込み仕事，排除仕事，flow work）と呼ばれ，流体の系への流入・系からの流出に伴って必然的に現れる仕事である。なお，式 (1.3) では仕事と熱が $L_t - Q$ と総量で表されているだけであり，総量についてはいかなる場合もエネルギー保存は満たされなければならないので，損失があってもなくても成り立つ式である。

流動仕事が存在する場合，われわれが利用できる仕事は膨張仕事（定常流動系においては，後述する工業仕事との対比で，膨張仕事を**絶対仕事**（absolute work）と呼ぶことが多い）とは必ずしも一致しない。例えば，入口で大きな流動仕事で系に流入し，出口で小さな流動仕事で流出する系では，その差分を膨張仕事に上乗せして利用することができる。逆に出口の流動仕事のほうが大きい場合は，流動仕事の出入口の差分だけ利用できる仕事は少なくなる。ここで，われわれにとって関心があるのは，あくまでも利用できる熱や仕事である。定常流動系において，この利用できる仕事を**工業仕事**（technical work, L_t）と呼び，膨張仕事（絶対仕事）とは明確に区別する。こんな面倒なことをしなくてもよいのではないかと思うかもしれないが，われわれは使えない仕事には興味はないのである。実際に利用できる分を改めて工業仕事として定義した，と割り切って考えてほしい。

タービンや圧縮機などの圧縮性流れの場合，**位置エネルギー**（potential energy）は相対的に小さいので無視されることが多い。式 (1.3) において工業仕事 L_t と熱 Q を左辺に移項して整理すると

$$L_t + m\left(\frac{w_2^2}{2} - \frac{w_1^2}{2}\right) - Q = H_1 - H_2 \tag{1.4}$$

$$L_t - Q = H_{t1} - H_{t2} \quad \text{（運動エネルギーを全エンタルピーに含めた場合）} \tag{1.4'}$$

となる。ここで，$H = U + pV$ である。**運動エネルギー**（kinetic energy）に関しては，式 (1.4′) のようにエンタルピーと合わせて**全エンタルピー**（total enthalpy）$H_t = H + mw^2/2$ として改めて定義されることもある。

式(1.4)から明らかなように，定常流動系において系から得られる工業仕事 L_t と運動エネルギー差と熱 $-Q$ の和（$L_t + \Delta(mw^2/2) - Q$）は，出入口間の流体のエンタルピー変化と等しい。なお，この系は定常なので，エンタルピー変化は時間的な変化量ではなく，出入口間での変化量のことである。流動仕事は流れに伴って必然的に発生するので，われわれが利用できる仕事や運動エネルギーは内部エネルギー変化に等しいとはかぎらない。後述する反動水車は，断熱で非圧縮性と近似できるので内部エネルギー変化はほとんどないが，出入口で流動仕事に差があるので，われわれはその流動仕事の差（この場合，エンタルピー差と等しい）を工業仕事として利用することができる。われわれが実際に利用する工業仕事や運動エネルギーや熱に注目し，その結果として系内で増減する状態量であるエンタルピーを定義した，と考えるとわかりやすい。

例えば，タービンや圧縮機は断熱（$Q = 0$）とみなせるので，使える（あるいは必要となる）工業仕事や運動エネルギーは，エンタルピー変化と等しい（$L_t + \Delta(mw^2/2) = -\Delta H$）。逆に熱交換器では，工業仕事がなく（$L_t = 0$）運動エネルギーも無視できるので，交換熱量がエンタルピー変化と等しくなる（$-Q = -\Delta H$）。これが，タービン，圧縮機，ノズル，熱交換器などのエネルギー機器において，内部エネルギーではなくエンタルピーが広く用いられる理由である。

1.4　膨張仕事（絶対仕事）と工業仕事

膨張仕事と工業仕事の違いをもう少し詳しく見てみよう。式(1.3)の定常流動系のエネルギーバランスを，出入口が近接した微小区間に適用すると

$$\delta L_t + \mathrm{d}\left(m\frac{w^2}{2}\right) + \mathrm{d}(mgz) - \delta Q = -\mathrm{d}H \tag{1.5}$$

と書ける。ここで，流れに乗って上記の微小区間に流入して流出する閉じた検査質量を考え，その検査体積のエネルギー保存式 $\delta Q = \mathrm{d}H - V\mathrm{d}p$ を代入すると

$$\delta L_t + d\left(m\frac{w^2}{2}\right) + d(mgz) = -Vdp \tag{1.6}$$

が得られる。ここで，検査質量のエネルギー保存に損失のない場合の式 $\delta Q = dH - Vdp$ を使ったので，式 (1.6) も損失がない場合にのみ成り立つ式である。このように，工業仕事 δL_t と力学的エネルギー（運動エネルギーや位置エネルギー）変化の和は，$-Vdp$ で表される[†]。

一方，膨張仕事は pdV なので，入口での状態を 1，出口での状態を 2 としたとき，pdV と $-Vdp$ および流動仕事 pV の間には，**図 1.3** に示すように次式の関係が成り立つ。

$$-\int_1^2 Vdp = \int_1^2 pdV + \underbrace{p_1V_1}_{\text{入口で上流からなされる仕事}} - \underbrace{p_2V_2}_{\text{出口で下流になす仕事}} \tag{1.7}$$

系とやり取りされる仕事の総量は膨張仕事であるが，そのうち上流からなされる仕事と下流になす仕事を除いた正味の仕事が，われわれが実際に使える工業仕事と力学的エネルギーの和である。

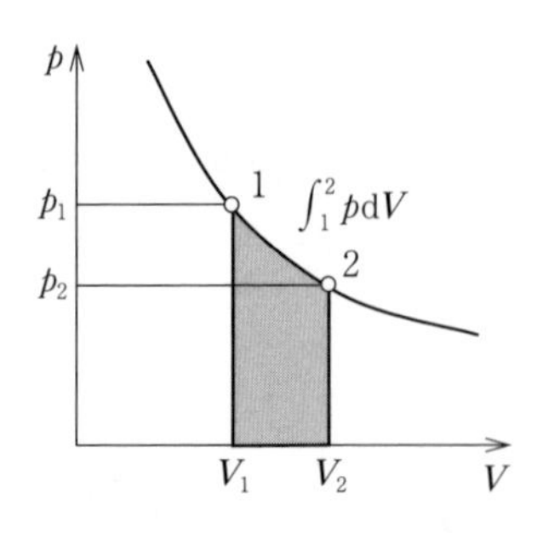

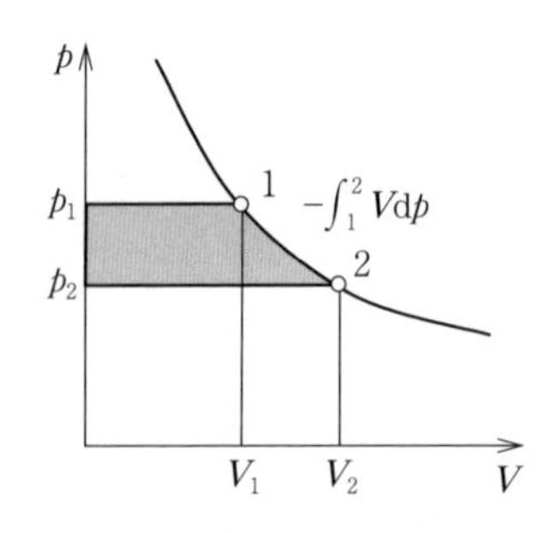

図 1.3 pdV と $-Vdp$

膨張仕事，流動仕事，工業仕事はまったく異なるものなので，注意してほしい。例えば，水車やポンプは非圧縮性流体とみなせる水を利用したエネルギー変換装置である。非圧縮性流体は体積変化しないので，その定義から明らかな

† ここで，運動エネルギーや位置エネルギーといった力学的エネルギーは，理想的なダムや水車などがあれば最終的には仕事に変換することが可能なので，後述するエクセルギーの観点から仕事と等価とみなせる。

ように膨張仕事 $p\mathrm{d}V$ はゼロである。膨張しないのに仕事が取り出せるとはどういうことだろうか？ それとも，水とはいえ完全な非圧縮性流体ではないので，わずかな圧縮性による膨張仕事を利用しているのであろうか？工業仕事で考えれば答えは簡単である。たとえ膨張仕事がゼロでも，出入口での圧力が違えば，出入口での流動仕事には差がある。つまり，出入口でのエンタルピーに差があるのである。水車（この場合は反動水車）は，膨張仕事は取り出せないが，出入口の流動仕事の差（エンタルピー差）を工業仕事として取り出しているのである（衝動水車では，水の位置エネルギーをまずダムで運動エネルギーに変換し，この運動エネルギーを工業仕事として取り出している）。なお繰返しになるが，式 (1.5) は損失があってもなくても成り立つが，式 (1.6) は損失がない場合にのみ成り立つ。損失がある場合については2章で解説する。

例題1.3

なぜ，式 (1.4) や式 (1.5) は損失があってもなくても成り立つが，式 (1.6) は損失がない場合にのみ成り立つのだろうか？

解答

損失があると，式 (1.4) や式 (1.5) の出口側のエンタルピーは，損失がない場合よりも大きい値になる。粘性や摩擦による内部損失により発熱し，エンタルピーとして系内に蓄えられるためである。例えばタービンであれば，その分だけ取り出せる工業仕事 L_t が減少するし，圧縮機であれば加えなければならない工業仕事が増える。このように，損失に応じてエンタルピーや工業仕事の値が変わるので，式 (1.4) や式 (1.5) は損失があっても用いることができる。式 (1.6) においては，例題1.1と同様に粘性散逸が無視されており，損失がある場合には使うことができない。

■

例題1.4

反動水車から得られる仕事を p–V 線図に描いてみよ。ただし，水は非圧縮性であり，入口を状態1，出口を状態2とする。

解答

図 1.4 のとおり。膨張仕事はゼロであるが，出入口における流動仕事には差があるので，工業仕事が得られる。

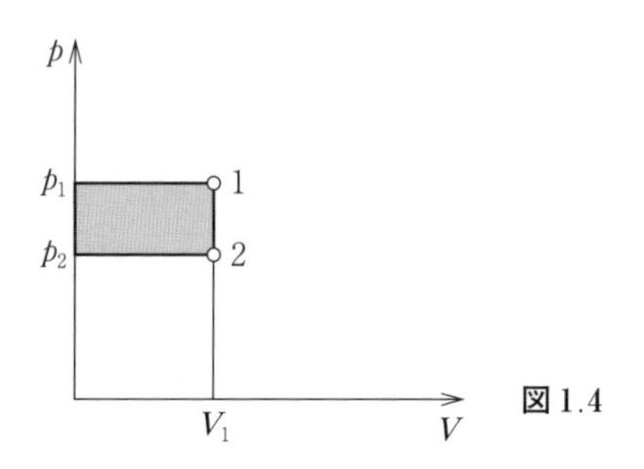

図 1.4

1.5 非膨張仕事

これまでの議論では，絶対仕事として体積変化を伴う膨張仕事 $p\mathrm{d}V$ を考えてきた。しかし，電池のように仕事を電気として取り出すことも可能である。このような体積変化を伴わない仕事を**非膨張仕事**（non–expansion work）と呼ぶ。**電気仕事**（electrical work）以外にも，細いゴムひもの伸び縮みのような伸張仕事，風船の表面積変化のような表面伸張仕事なども考えられるが，エネルギー利用を考える上で重要となる非膨張仕事は，もっぱら電気仕事である。膨張仕事，流動仕事，工業仕事，非膨張仕事はそれぞれ明確に区別されており，対象とするプロセスの条件に応じて，自分が対象としているのはどの仕事なのかをしっかりと認識しておくことが重要である。なお，実際にどのようにして非膨張仕事が取り出せるかについては，5 章で解説する。

図 1.5 に，非膨張仕事も含めた定圧の閉じた系（図 (a)）と，定常流動系（図 (b)）のエネルギー保存を示す。例えば，非膨張仕事もある定圧の閉じた系の代表例として，電池が挙げられる。ここで，電池を取り囲む検査体積を考

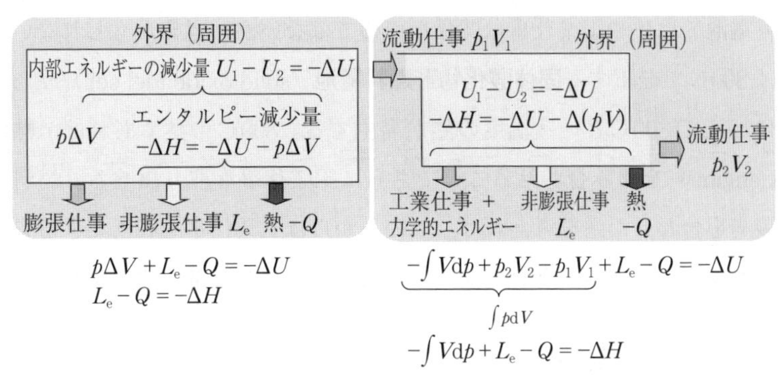

(a) 定圧の閉じた系　　(b) 定 常 流 動 系

定圧の閉じた系：

外界で得られる非膨張仕事 (L_e) + 放熱量 ($-Q$)

= 系のエンタルピー減少量 ($-\Delta H$)

定常流動系：

外界で得られる工業仕事と力学的エネルギーの和 ($-\int V\mathrm{d}p$)

+ 非膨張仕事 (L_e) + 放熱量 ($-Q$)

= 系のエンタルピー減少量 ($-\Delta H$)

図 1.5　「仕事・熱」と「系の状態量であるエンタルピー」の関係

え，その中で化学反応によって内部エネルギーが減少（$\Delta U < 0$）した場合を考えよう。その減少量（$-\Delta U > 0$）は系外に放出されるが，その一部は膨張仕事 $p\Delta V$ に費やされる。通常の電池では，この体積変化は周囲の大気を押しのけるだけで，われわれはそれに伴う膨張仕事を利用することはない。つまり，内部エネルギー減少量のうち，膨張仕事を除いたエンタルピー減少量（$-\Delta H = -\Delta U - p\Delta V$）が，われわれが実際に利用する非膨張仕事と熱の総量（$L_e - Q$）になる。

定常流動系で非膨張仕事が発生する代表例としては，燃料電池が挙げられる。燃料電池を取り囲む検査体積をとり，入口から燃料と空気が流入し，出口から反応ガスが排出される系を考える。定常流動系なので，われわれが実際に使える工業仕事と力学的エネルギーの和である式 (1.6) に非膨張仕事と熱を加えた総量（$-\int V\mathrm{d}p + L_e - Q$）は，内部エネルギー減少量から流動仕事を引いたエンタルピー減少量（$-\Delta H = -\Delta U - \Delta(pV)$）である。

燃料電池では熱や工業仕事は関係ないのではないかと思うかもしれないが，例えば800℃で発電する**固体酸化物形燃料電池**（solid oxide fuel cell）からは，電気に加えて800℃という温度の熱が発生する。800℃の熱であれば，**熱機関**（heat engine）を組み合わせることでさらに工業仕事も取り出せる。燃料電池と熱機関を合わせた系を考えれば，この系からは工業仕事も利用できるのである。このように，電池や燃料電池といった非常に重要な電気化学デバイスにお

コーヒーブレイク

内部エネルギー U に pV を足したり TS を引く意味

熱力学において，系全体で定義されたジュール〔J〕の次元をもつ状態量には

1. 内部エネルギー U
2. エンタルピー $H = U + pV$
3. ヘルムホルツ自由エネルギー $A = U - TS$
4. ギブス自由エネルギー $G = U + pV - TS = H - TS$

の四つがある（化学ポテンシャルは成分や相ごとに定義されるので，ここでは除外しておく）。多くの熱力学の講義や教科書では，この順番で紹介されている。内部エネルギー U については，分子のミクロな運動エネルギー，あるいは原子や電子の結合のエネルギーというように直感的にわかりやすいが，これに pV を足したり，さらに TS を引くとなると，物理的なイメージを理解するのがどんどん難しくなっていく（ただでさえ，エントロピーもわかりにくいのに…）。初めて熱力学を学ぶ多くの学生は，この辺りで心が折れてしまうのではないだろうか。ここで，開き直って仕事と熱から見た実用的な視点へ転換してみることをおすすめする。

本章で説明したように，これらの状態量は，定圧や定温といった条件付きではあるものの，われわれが実際に熱や仕事を利用したときに，系内でそれらに対応して増減する。逆にこれらの状態量の変化量がわかれば，必要な熱や仕事の量を知ることができる。たとえ条件付きであっても，その条件がわれわれが頻繁に遭遇するものであれば，きわめて便利なのである。内部エネルギーから始まる上記の順番は非常に美しいが，実用面から見るとエンタルピーとギブス自由エネルギーが相撲でいえば東西の両横綱であり，内部エネルギーは小結，ヘルムホルツ自由エネルギーは前頭程度といったところが，筆者がこれまで設計や開発に携わってきた経験からの実感である。

いても，エンタルピーは非常に重要な状態量となる。

例題1.5

膨張仕事であればピストン，工業仕事であればタービンなどで取り出すことができることはわかるが，非膨張仕事の代表である電気仕事はどのようにしたら取り出せるのであろうか？

解答

詳しくは5章で学ぶが，電気仕事は空間的に電位の異なる場所（電極）の間を電荷が系外で移動することで発生する。つまり，電子あるいはイオンが異なる電位で出入りする電極が2箇所あれば，これを外部負荷に導線で接続することで電気仕事を得ることができる。電荷が出入りする反応（電気化学反応）を考え，それを空間的に分けて電極を設置し，電子が系外を，イオンが系内を移動するようにすればよい。このような装置が電池である。■

演　習　問　題

〔1.1〕 理想気体の内部エネルギーとエンタルピーが温度だけの関数であることを示せ。

〔1.2〕 理想気体におけるマイヤーの関係式 $c_p - c_v = R$ を導け。ただし，c_p〔J/(kg·K)〕，c_v〔J/(kg·K)〕，R〔J/(kg·K)〕はそれぞれ定圧比熱，定積比熱，気体定数である。

〔1.3〕 単原子分子の理想気体1モルを100℃から200℃まで加熱する。体積一定で加熱した場合と，圧力一定で加熱した場合の加熱量の差を求めよ。一般気体定数は，$R_0 = 8.314$ J/(mol·K) である。

〔1.4〕 断熱された定常流動系において，水道水を24 l/min の流量で5℃から40℃まで昇温したい。断熱されているので直接水を加熱することはできないが，他にどのような方法が考えられるか？ 水の密度と定圧比熱はそれぞれ1 000 kg/m^3，4 200 J/(kg·K) と近似する。

〔1.5〕 圧力0.1 MPa，温度273.15 K の空気を，1.0 kg/s の流量で0.7 MPa まで定常的に可逆断熱圧縮したときの仕事率を求めよ。必要に応じて，**問表1.1** の空気の物性値を用いよ。

問表 1.1

温　度〔K〕	圧　力〔MPa〕	比容積〔m^3/kg〕	比内部エネルギー〔kJ/kg〕	比エンタルピー〔kJ/kg〕	比エントロピー〔kJ/(kg·K)〕	c_v〔kJ/(kg·K)〕	c_p〔kJ/(kg·K)〕
273.15	0.1	0.783 8	194.91	273.29	6.776	0.717 1	1.005 9
475.03	0.7	0.195 29	340.71	477.42	6.776	0.738 5	1.028 8

〔**1.6**〕 単位質量の流体が，断熱され仕事もやり取りしない管路を流れている。流れは定常で位置エネルギーは無視できる。管路の一部に検査体積を定義し，その入口1と出口2において，単位質量の流体が出入りするときのエネルギー保存を記述せよ。

〔**1.7**〕 問題〔1.6〕において，流れに損失がなく，流体が非圧縮性の場合にベルヌーイの式が成り立つことを示せ。

〔**1.8**〕 問題〔1.6〕において，入口温度 T_1 から，出口温度 T_2 まで温度が低下した。流体が定圧比熱 c_p 一定の理想気体のとき，出入口間の運動エネルギー変化を求めよ。

2章 「仕事」と「熱」の内訳

◆本章のテーマ

1章では，外界にいるわれわれが系とやり取りする熱や仕事に注目し，状態量（エンタルピー）はその結果として系内で増減するものと位置づけた。ここで，状態量である内部エネルギーやエンタルピーは，変化のプロセスを問わない。つまり，仕事（力学的エネルギー変化を含む）と熱の「総量」は，状態量であるエンタルピーの変化量と等しいので，変化のプロセスに依存しない。しかしながら，「総量」はプロセスに依存しなくても，仕事や熱のそれぞれは状態量ではないので「内訳」はプロセスに依存する。仕事は100%熱に変換可能だが，逆はそうではない。その意味で，仕事のほうが熱よりもありがたい。本当に知りたいのは，系のエンタルピー変化量のうち，どれだけを仕事として利用できるのか，ということである。本章では，エントロピーを利用することで，仕事と熱の内訳を議論できることを学ぶ。

◆本章の構成（キーワード）

2.1　概　要

2.2　可逆プロセスにおける仕事と熱の識別

　　エントロピー，T–S 線図

2.3　不可逆プロセスの仕事と熱

　　熱力学第二法則，エントロピー生成，不可逆プロセス

2.4　定温・定圧プロセスの最大非膨張仕事

　　ギブス自由エネルギー，自発プロセス

2.5　定温・定圧プロセスにおける自発変化

　　平衡

◆本章を学ぶと以下の内容をマスターできます

☞　エントロピーのエンジニアリング的な意味

☞　不可逆プロセスにおける仕事と熱

☞　自由エネルギーの意味

2.1 概　　要

1章では，外界にいるわれわれが系とやり取りする熱や仕事に注目し，状態量であるエンタルピーをその結果として系内で増減するものと位置づけた。ここで，内部エネルギーやエンタルピーは状態量なので，変化のプロセスを問わない。つまり，仕事（と力学的エネルギーの変化）と熱の「総量」は状態量であるエンタルピーの変化量と等しいので，変化のプロセスに依存しない。しかしながら，仕事や熱のそれぞれは状態量ではないので，「総量」はプロセスに依存しなくても，その「内訳」はプロセスに依存する。例えば，同じ水素と酸素でも火を点けて燃やしたら熱しか得られないが，燃料電池に入れたら電気と熱の両方が取り出せる。燃料の量が同じであれば，得られる総量はもちろん同じである。仕事は100％熱に変換可能だが，逆はそうではない。その意味で，仕事のほうが熱よりもありがたい。本当に知りたいのは，系のエンタルピー変化量のうち，どれだけを仕事として利用できるか，ということである。

2.2 可逆プロセスにおける仕事と熱の識別

それでは，どのようにしたら系のエンタルピー変化（あるいは内部エネルギー変化）が，外界へ仕事として伝わるのか，それとも熱として伝わるのかを判別できるのであろうか？ ここで，仕事か熱のどちらか一方が伝わったときだけ変化して，他方が伝わったときには変化しない状態量があったら，それを使えば仕事と熱を区別することができるはずである。そのような都合のよい状態量はないのであろうか？ 熱力学を一度学んだことがある皆さんには，すぐにその答えがわかるはずである。それが**エントロピー**（entropy）Sである。このことを，可逆プロセスで考えてみよう。

図2.1に示すように，そもそも仕事とは，例えばピストンが力を受けて一定の方向に動く場合や，電子が電位勾配の下で一定の方向に流れる場合のように，分子，原子，電子などの組織的な運動を介した系と外界とのエネルギーの

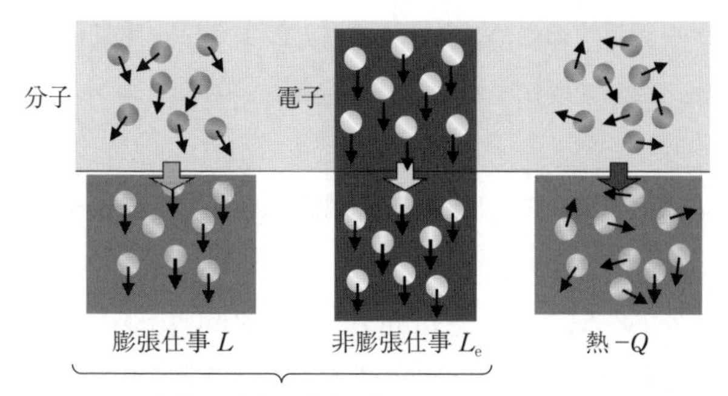

図 2.1 仕事と熱の違い

やり取り（変換）である。一方，熱の場合は，分子，原子，電子の乱雑な動きとしてエネルギーがやり取りされる。つまり，熱が加わると乱雑さが増大し，熱を失うと乱雑さが減少する。この乱雑さの変化が熱に特有なものだとすれば，これに注目すれば熱と仕事を区別できそうである。この乱雑さの変化であるが，当然熱が多く伝わったときのほうが乱雑さの変化へのインパクトは大きいであろう。また**図 2.2** に示すように，熱が同じ量伝わったとしても，低温のときのほうが高温のときよりも乱雑さの変化へのインパクトは大きいであろ

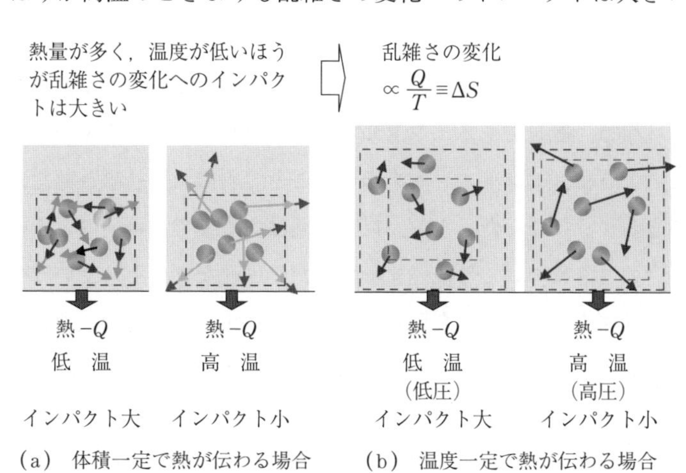

図 2.2 同じ熱量が伝わったときの乱雑さの変化への温度のインパクト

う。以上のことを表現するために，$\mathrm{d}s \equiv \delta q/T$ のように，熱量に比例し，温度の絶対値には反比例して変化する物理量を定義し，これをエントロピーと呼ぶことにする。

このエントロピーの定義に，比熱一定の理想気体の第一法則を代入すると，$\mathrm{d}s \equiv \delta q/T = c_v \mathrm{d}T/T + p\mathrm{d}v/T = c_v \mathrm{d}T/T + R\mathrm{d}v/v$ となる。この式を状態１から状態２まで積分すると，$s_2 - s_1 = c_v \ln(T_2/T_1) + R\ln(v_2/v_1)$ となる。右辺が変化の始点と終点である状態１と状態２の状態量だけで表されているので，左辺のエントロピー s もプロセスによらない状態量になることがわかる。右辺第一項が，図 2.2 (a) に示すように，体積一定で熱が伝わったときの内部エネルギーの相対変化（分子のランダムな運動の強さの相対変化）に対応する。一方，右辺第二項が，図 (b) のように，温度一定で熱が伝わったときの体積の相対変化（空間的配置の自由度の変化）に対応する。エントロピー変化は，このような二つの効果で構成される。いずれの効果も，温度が低いほどその相対変化は大きいことがわかる。

エントロピーの定義が熱とだけ関連づけられていることから（$\delta q \equiv T\mathrm{d}s$），状態が変化して内部エネルギーやエンタルピーが変化したとき，そのうちどれだけが熱で外界とやり取りされたのかは，エントロピー変化からすぐに求めることができる。熱と仕事の総量はエンタルピー変化から求められるので，熱がわかれば残りの仕事も計算できる。すなわち，定圧の閉じた系や定常流動系で得られる仕事は，総量であるエンタルピー変化 ΔH から熱 $\int T\mathrm{d}s$ を減じた値となる。このように，エントロピーを用いることでめでたく仕事と熱を区別することができるようになった。なお，以上の話はあくまでも可逆のときの話であり，不可逆のときについては後述する。ただ，可逆なプロセスというのは，損失なく熱と仕事をやり取りした理想的なケースに相当するので，その内訳を議論できるということは，エネルギー利用のあるべき姿を考える上で非常に重要なことである。

このエントロピーの性質を利用すれば，同じエネルギーでも，仕事を取り出しやすい状態にあるのか，あるいはそうではないのかを判断できる。例えば，エントロピーの大きい状態とは，粒子運動のエネルギーが大きい，あるいは粒子が薄く分散している状態である。このような乱雑な状態から方向のそろった運動（つまり仕事）を取り出すのは難しく，ランダムな動きのまま熱としてエネルギーが放出されやすいだろうことは直感的にもわかりやすい。一方，エントロピーが小さい状態とは，より密集した（高圧，高密度）の状態にあり，ピストンなどを使えば方向のそろった運動を取り出しやすい状態である。このことを，より具体的な例で考えてみよう。

例えば，**図 2.3** のような状態 2 と状態 4 がたまたま同じ温度になっている理想気体のオットーサイクルを考えてみる。理想気体なので，同じ温度であれば同じ内部エネルギーであり同じエンタルピーである。ここで，最終状態が同じである 2 → 1 と 4 → 1 という二つのプロセスを比較してみる。状態 2 と状態 4 は同じ温度（理想気体の場合は同じ内部エネルギー）であり，最終状態が同じなので，系外に放出されるエネルギーの総量はどちらのプロセスも同じである。ただし，エントロピーの小さい状態 2 を始発とする変化 2 → 1 では可逆断熱膨張させて仕事が取り出せるのに対し，エントロピーの大きい状態 4 を始発

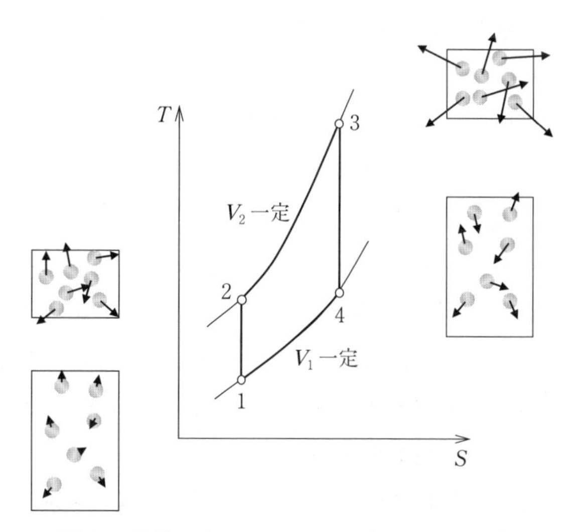

図 2.3　熱機関（オットーサイクル）とエントロピー

とする変化 4→1 では定積比熱×温度変化に相当する熱のみが放出される。このように，状態 2 と状態 4 では同じ内部エネルギーでも価値はまったく異なる。同じエネルギーレベルであれば，エントロピーが小さい系ほど仕事が取り出しやすい価値の高い状態にあるということである。

つづいて，図 2.3 の 1→2 と 3→4 の可逆断熱圧縮プロセスおよび可逆断熱膨張プロセスを考えてみよう。両プロセスとも，可逆的に仕事のみがやり取りされるのみで熱のやり取りはないので，エントロピーは変化しない。具体的には，可逆断熱膨張プロセス 3→4 では，温度が下がるのでランダムな分子の速度ベクトルの長さは短くなり，この意味では乱雑さは減る方向であるが，他方で膨張して希薄な状態となるので，空間的な配置の自由度が増える。この両者の効果が相殺して乱雑さ（エントロピー）は一定に保たれる。可逆断熱圧縮プロセス 1→2 はこの逆である。可逆断熱膨張は，もちろん仕事を取り出すプロセスであるが，ミクロな分子のランダムな運動エネルギーを，方向のそろったマクロな並進運動（ある向きへの膨張，つまり仕事）に変換するプロセスである。

$\mathrm{d}s \equiv \delta q/T$ という定義から明らかなように，同じエントロピー変化量であれば高温のほうが低温よりもより多くの熱をやり取りできる。低温で捨てる熱よりも多くの熱を高温で受け取って，これを分子のランダムな運動エネルギーとして蓄え，その増加したランダムな分子運動を方向のそろった運動（＝仕事）に変換する。これが熱機関の本質である。

エントロピー変化が仕事ではなく熱と直結しているため，本来われわれにとってより重要である仕事については，内部エネルギー変化やエンタルピー変化から熱を減じた形の間接的な表現として表される。少しまわりくどい表現ではあるが，$A \equiv U - TS$ や $G \equiv H - TS$ という形式の状態量が重要となる理由が理解できると思う。前者は**ヘルムホルツ自由エネルギー**（Helmholtz free energy），後者は**ギブス自由エネルギー**（Gibbs free energy）である。後述するように，いずれもある条件下で得られる仕事の最大値（＝可逆変化したときの仕事）に対応している。

例題2.1

T–s 線図上に理想気体の定積線と定圧線を描いてみよ。

解答

損失のない理想気体の第一法則の式 $T\mathrm{d}s = c_v\mathrm{d}T + p\mathrm{d}v$ より，定積の場合は $\mathrm{d}s = c_v\mathrm{d}T/T$ となり，積分すると $s = c_v \ln T + s'$ または $T = \exp\{(s - s')/c_v\}$ が得られる。$T\mathrm{d}s = c_v\mathrm{d}T + p\mathrm{d}v$ の右辺第二項から，比容積が大きいほどエントロピーは増加し，**図 2.4** の T–s 線図上の定積線は右側に平行移動する。

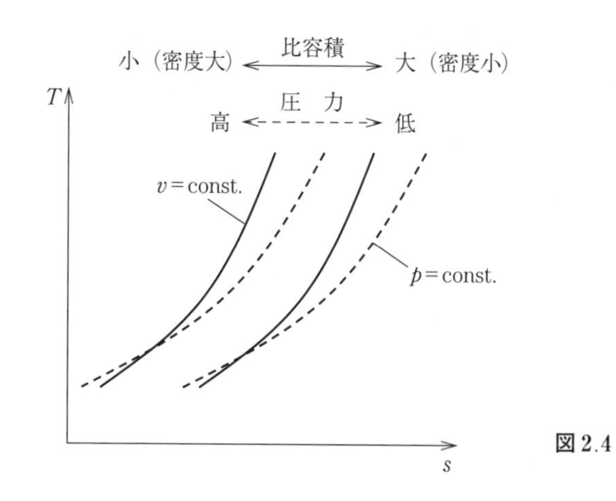

図 2.4

一方，定圧線は以下のように求められる。第一法則 $T\mathrm{d}s = c_p\mathrm{d}T - v\mathrm{d}p$ より，定圧の場合は $\mathrm{d}s = c_p\mathrm{d}T/T$ となり，積分すると $s = c_p \ln T + s'$ または $T = \exp\{(s - s')/c_p\}$ となる。$T\mathrm{d}s = c_p\mathrm{d}T - v\mathrm{d}p$ の右辺第二項に負号が付いていることから明らかなように，圧力が大きいほどエントロピーは減少し，T–s 線図上の定圧線は左側に平行移動する。理想気体には**マイヤーの関係式**（Mayer's relation）$c_p - c_v = R$ が成り立ち，$c_p > c_v$ であることから，T–s 線図においては，定圧線のほうが定積線よりも傾きの小さい線となる。

2.3　不可逆プロセスの仕事と熱

以上は損失のない可逆プロセスでの話であった。**不可逆プロセス**（irreversible process）では，負でない**エントロピー生成**（entropy production）P_s（$\geqq 0$）があるために，熱のやり取りに伴うエントロピー変化 $\delta q/T$ よりも系のエントロピーは必ず大きくなる。これが，**熱力学第二法則**（the second law of thermodynamics）である（$ds \equiv \delta q/T + P_s$，$P_s \geqq 0$）。不可逆変化した後の系内のエントロピーは熱移動による変化 $\delta q/T$ よりも必ず P_s だけ大きく，その結果として仕事が取り出しにくい状態になってしまうということである。取り出せるチャンスを失った仕事に相当する分は，熱としてしか取り出せない状態として系内に蓄えられる。以下，このことを具体的な例で考えてみよう。

例題2.2

図 2.3 において，不可逆な断熱圧縮と断熱膨張は等エントロピーにならないことを，分子の状態を参照して定性的に説明せよ。

解答

図 2.5 に示すように，状態 1 から不可逆断熱圧縮後の状態を 2′，状態 3 から不

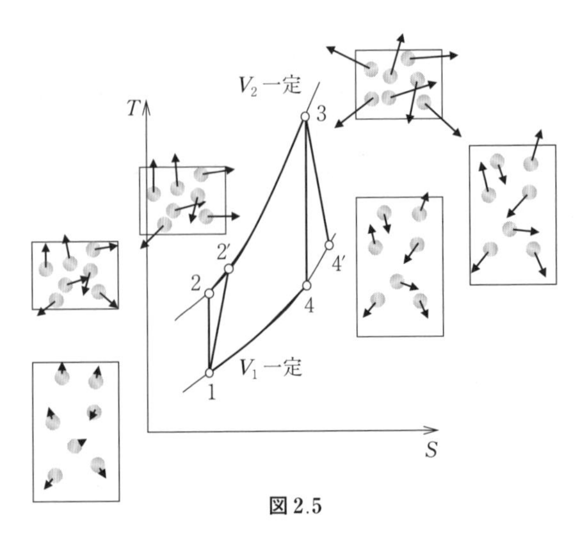

図 2.5

可逆断熱膨張後の状態を4′とする。可逆断熱圧縮1→2と可逆断熱膨張3→4では，分子のランダムな運動エネルギーが増加（あるいは減少）する効果と，空間的な配置の自由度が減少（あるいは増加）する効果が完全に相殺して，乱雑さ（エントロピー）は一定に保たれる。不可逆な場合は，同じ圧縮比でも粘性散逸によって温度（理想気体の場合は内部エネルギーと同義）が高い状態になるため，分子の運動エネルギー変化の効果と空間的配置の自由度が変化する効果がバランスせず，必ず乱雑さ（エントロピー）が増える結果となる。両効果の釣り合わない分がエントロピー生成 P_s となる。

以下，定常流動系で断熱膨張させたときの仕事と熱の内訳を考える。式(1.5)から明らかなように，断熱（$\delta Q = 0$）された定常流動系の第一法則では，工業仕事 L_t と力学的エネルギー（運動エネルギー＋ポテンシャルエネルギー）変化の和がエンタルピー変化 $-\mathrm{d}H$ と等しい。

$$\delta L_t + \mathrm{d}\left(m\frac{w^2}{2}\right) + \mathrm{d}(mgz) = -\mathrm{d}H \tag{2.1}$$

なお，この式は単に断熱された定常流動系のエネルギーのバランスを表しているだけなので，可逆であっても不可逆であっても成立する。式(2.1)の左辺（工業仕事と力学的エネルギー変化の和）が最も大きくなるのは，損失なく可逆断熱膨張させたときであり，これは式(1.6)のように $-V\mathrm{d}p$ と表せることはすでに述べた。その値は，**図2.6**(a)においては状態1から状態2の可逆断熱膨張線1→2の左側の面積 $-\int_1^2 V\mathrm{d}p$ となり，$H_1 - H_2$ に等しい。

一方，実際の断熱膨張では不可逆性のために損失が発生し，可逆のときよりも得られる工業仕事と力学的エネルギーは目減りする。不可逆の場合の断熱膨張は，図の1→3の線で表される†。ここで，不可逆の場合も工業仕事と力学的エネルギー変化の和を $-\int_1^3 V\mathrm{d}p$ と計算してしまうと，可逆のとき $-\int_1^2 V\mathrm{d}p$ よりも面積が大きくなってしまう。これは，明らかにおかしい。これが間違っ

† ここで，熱をやり取りせず，仕事（と力学的エネルギー）だけやり取りしたときには，エントロピーは変化しないはずではないかと思われるかもしれないが，それは可逆のときの話であり，この場合は不可逆性によるエントロピー生成（摩擦などによる内部発熱）のために，エントロピーが増加したということである。

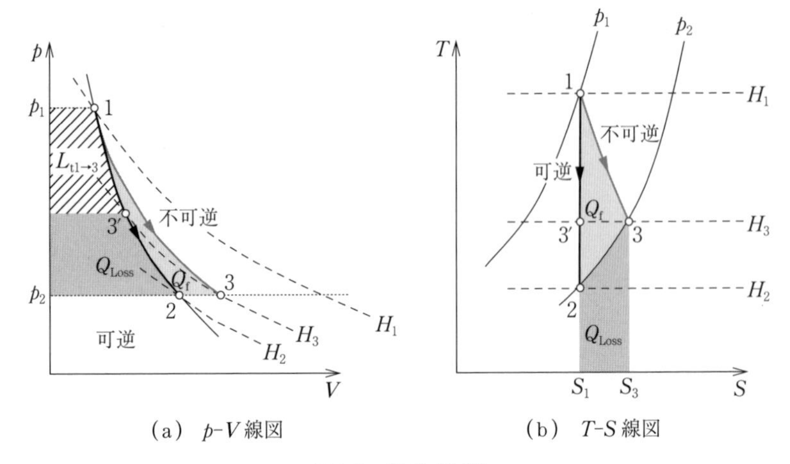

図2.6　断 熱 膨 張

ているのは，1 → 3 が不可逆なプロセスにもかかわらず，$\delta Q = \mathrm{d}U + p\mathrm{d}V = \mathrm{d}H - V\mathrm{d}p$ という損失が無視されている第一法則の式を使ってしまったことにある。エネルギーバランスから明らかなように，不可逆のときに得られる工業仕事と力学的エネルギー変化の和は $H_1 - H_3$ である。

ここで，図 2.6 (a) の p–V 線図においてで点 3 を通る等エンタルピー線と可逆断熱膨張線 1 → 2 との交点 3′ とすると，$H_1 - H_3$ は可逆変化 1 → 3′ の左側の面積 $-\int_1^{3'} V\mathrm{d}p$（斜線部）と等しい（ここで，3′ は仮想的な状態であり，実際の状態を表すものではないことに注意しよう）。つまり，図中の Q_{Loss} や Q_{f} に相当する面積は，工業仕事や力学的エネルギー変化としてカウントしてはいけないのである。

まとめると，不可逆の場合は

$$\delta L_{\mathrm{t}} + \mathrm{d}\left(m\frac{w^2}{2}\right) + \mathrm{d}(mgz) = -V\mathrm{d}p - \delta Q_{\mathrm{Loss}} - \delta Q_{\mathrm{f}} \tag{2.2}$$

と表記される。閉じた系の第一法則においても，不可逆の場合は

$$\delta Q = \mathrm{d}U + p\mathrm{d}V - \delta Q_{\mathrm{Loss}} - \delta Q_{\mathrm{f}} = \mathrm{d}H - V\mathrm{d}p - \delta Q_{\mathrm{Loss}} - \delta Q_{\mathrm{f}} \tag{2.3}$$

を用いるべきなのである。これらの式から，式 (1.6) や式 (1.1) において損失が無視されていたことは明らかである。繰返しになるが，不可逆であっても式

(2.1) 自体は成り立っており，得られる工業仕事や力学的エネルギー変化はエンタルピー変化（に負号を付けたもの）と等しい。ただし，このときの $-\mathrm{d}H$ は $-V\mathrm{d}p$ ではなく，$-V\mathrm{d}p - \delta Q_{\mathrm{Loss}} - \delta Q_{\mathrm{f}}$ である。

不可逆断熱膨張のエンタルピー変化 $H_1 - H_3$ は，可逆の場合の $H_1 - H_2$ よりも当然小さい。この減少分は流体に蓄えられ，その分だけ可逆断熱膨張のときに比べて不可逆の場合の流体の出口エンタルピーは大きくなる。言い換えると，損失による内部発熱があるため，流体は高温（高エンタルピー）で流出する。ここで，不可逆断熱膨張と可逆断熱膨張のエンタルピー変化の比 $\eta = (H_1 - H_3)/(H_1 - H_2)$ を**断熱効率**（adiabatic efficiency）と呼ぶ。

つぎに，状態 1 → 2 と状態 1 → 3 → 2 という，始点と終点は同じだが，異なる経路のプロセスを考えてみよう。両プロセスからは，最終的には同じエンタルピー変化（$H_1 - H_2$）に相当する仕事と熱（の総量）が系から放出されるが，その内訳である仕事と熱の割合は異なっている。状態 3 → 2 の変化は圧力が一定なので，もはや可逆であっても取り出せる工業仕事はゼロであり（$-V\mathrm{d}p = 0$），$H_3 - H_2$（$= Q_{\mathrm{Loss}}$）はどうしても熱として放出されなければならない（もし 3 → 2 のプロセスが不可逆であれば，さらに放出される熱が増えることになり，その増加した放熱分を補うために系には仕事を余分に加えなければならない）。つまり，状態 1 → 3 → 2 の変化では，同じ圧力まで可逆断熱膨張させたとき（1 → 2）と比べて Q_{Loss} だけ得られる工業仕事は少なく，その分だけ熱が放出される。

ここで，仮に断熱せずに可逆的に 1 → 3 と膨張させたとしたら，仕事を余計に取り出しつつ，線 1 → 3 より下方の面積に相当する熱を吸熱することもできたはずである（わずかに可逆断熱膨張した後，1 → 3 の線上の温度までわずかに吸熱するというプロセスを無数繰り返すことを考えてみよ）。このように考えると，可逆断熱膨張線と不可逆断熱膨張線とで囲まれた領域 1-2-3（Q_{f}）は，そのときの仮想的な吸熱量と Q_{Loss} との差分に相当する。実際は 1 → 3 は断熱でこのような吸熱は行われないので，余計に取り出せたかもしれない仕事がこの高温を維持するために内部消費され，結果として系内に蓄えられる Q_{Loss}

を除いた量が Q_f であると解釈できる。

図 2.6 (b) の T–S 線図からわかるように，取り損ねた工業仕事と力学的エネルギー変化の総量は $Q_{Loss} = -\int_3^2 T\mathrm{d}S$ で表され，状態 1 → 3 におけるタービンでのエントロピー生成 $P_s = S_3 - S_1$（$= S_3 - S_2$）と対応している。つまり，エントロピー生成に相当する分だけ仕事を取り出すことができなくなってしまった（= 損失が発生した）ということである。「エントロピー生成は負にならない」というのが熱力学第二法則の直接的な表現であるが，「仕事を最も多く取り出すことができるのはエントロピー生成がゼロの可逆の場合であり，実際はエントロピー生成に応じて取り出せる仕事が目減りし，熱としてしか取り出せない状態になる」というのが，エネルギー利用の観点からの第二法則の実用的な解釈である。第二法則やエントロピーの便利さが感じられると思う。

このように，あるプロセスの経路が決まったとき，エントロピー変化やエントロピー生成を使うことで，理想的な場合（可逆）の熱と仕事の内訳だけでなく，不可逆なプロセスにおいてどれだけ仕事が熱に置き換わってしまったのか，といったことも議論することができる。

例えば，エンタルピーとエントロピーがともに減るプロセスであれば，「熱は少なくともどれだけ放出されなければならなくて，仕事は最大どれだけ取り出せるのか」がわかる。エントロピー生成がゼロのときに仕事を最も多く取り出すことができ，エントロピーが生成されるほど取り出せる仕事が目減りする。逆に，エンタルピーとエントロピーがともに増えるプロセスであれば，「熱は最大どれだけ吸熱できて，仕事は最低限どれだけ加えなければならないのか」がわかる。エントロピー生成がゼロの場合に加えられるべき仕事は最も少なくでき，エントロピーが生成された分に対応して余計に仕事を加えなければならない。

整理すると，プロセスの経路が決まったとき，エントロピー変化 dS のうちエントロピー生成 P_s を減じたもの（にさらに温度を乗じたもの）が，系と外界が実際にやり取りした熱に対応し（$T\mathrm{d}S - T \cdot P_s = \delta Q$），仕事はエンタルピー変化からこの熱を除いたものになり，その量はエントロピー生成 P_s 次第である。ここに記したことは，第二法則 $\mathrm{d}S = \delta Q/T + P_s$（$P_s \geqq 0$ あるいは $\mathrm{d}S \geqq \delta Q/T$）を単に別な表現で述べたにすぎないのであるが，仕事と熱の理想的な内訳を認識した上で，エントロピー生成によってその仕事がどんどん熱に置き換わってしまうというイメージで第二法則をとらえることが，エネルギー利用を考えるにあたって非常に重要である。

例題2.3

絞り膨張とは，弁とかバルブなどにおいて仕事も熱も取り出さずに単に減圧するプロセスである。理想気体を p_1 から p_2 まで絞り膨張させたときの状態変化を T–s 線図上に描け。また，絞り膨張と同じ出入口の状態になるように可逆的に変化させた場合，仕事と熱はどのようになるか？ ただし，運動エネルギーと位置エネルギーは無視できるものとする。

解答

絞り膨張は，仕事も熱も取り出さないので，**等エンタルピー膨張**（isenthalpic expansion）とも呼ばれる。理想気体のエンタルピーは温度だけの関数なので，等エンタルピーは等温と同義であり，理想気体の絞り膨張は T–s 線図では水平な線となる。

可逆的に 1 → 2 へと変化させるプロセスにはさまざまなルートがあり得るが，

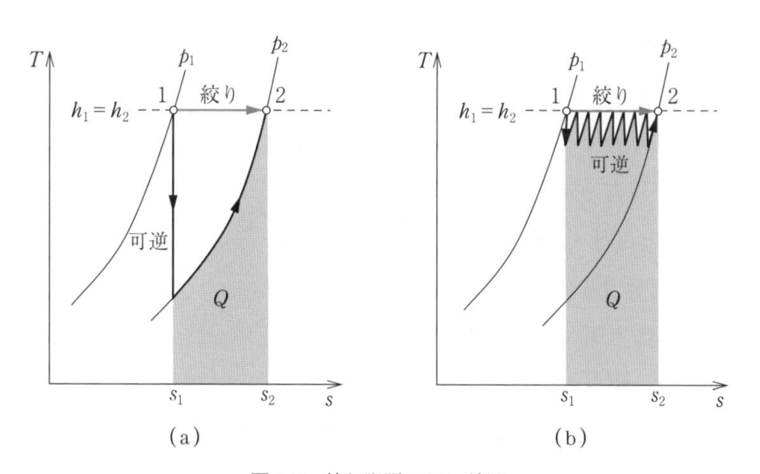

図 2.7　絞り膨張の T–s 線図

図 2.7（a）のように一度だけ大きく可逆断熱膨張させて，その後外界から吸熱させた場合よりも，図（b）のように複数回に分けて可逆断熱膨張させて吸熱したほうが吸熱量は大きい。状態1と状態2は同じエンタルピーなので，吸熱した分，仕事を取り出せる。すなわち，後者のほうがより多く吸熱し，より多くの仕事を取り出すことができる。

■

2.4　定温・定圧プロセスの最大非膨張仕事

つぎに，圧力と温度が一定のプロセスから得られる非膨張仕事の最大値を考えてみよう。例えば，電池から得られる電気仕事の最大値がこれに相当する。熱力学第二法則によれば，**自発プロセス**（spontaneous process）ではゼロ以上のエントロピー生成（$P_s \geqq 0$）を伴う。

$$\mathrm{d}S = \frac{\delta Q}{T} + P_s \qquad (P_s \geqq 0) \tag{2.4}$$

繰返しになるが，δQ は系が加熱される場合に正となるように定義されている。電気仕事のような非膨張仕事 δL_e がある場合の定圧の閉じた系の第一法則は，図1.5に示したように

$$\delta Q = \mathrm{d}H + \delta L_e \tag{2.5}$$

となり，これに式(2.4)を代入すると

$$\delta L_e = -\mathrm{d}H + T\mathrm{d}S - T \cdot P_s = -(\mathrm{d}H - T\mathrm{d}S) - T \cdot P_s \tag{2.6}$$

が得られる。圧力一定という条件に加えて温度も一定の場合，上式は

$$\delta L_e = -\mathrm{d}(H - TS) - T \cdot P_s \tag{2.7}$$

と書ける。$P_s \geqq 0$ なので，非膨張仕事の最大値 $\delta L_{e,\max}$

$$\delta L_{e,\max} = -\mathrm{d}(H - TS) \equiv -\mathrm{d}G \quad \text{あるいは}$$

$$\delta L_e \leqq -\mathrm{d}(H - TS) \equiv -\mathrm{d}G \tag{2.8}$$

が得られる。ここで，$G = H - TS = U + pV - TS$ を**ギブス自由エネルギー**と定義する。

このように，ギブス自由エネルギーの減少量$-\mathrm{d}G$には，内部エネルギーの減少量$-\mathrm{d}U$から，定圧での膨張仕事$p\mathrm{d}V$と定温での放熱量$-T\mathrm{d}S$を減じたものという物理的な意味がある。はじめにギブス自由エネルギーありきではなく，得られる非膨張仕事の最大値と等しくなる系内の状態量として，ギブス自由エネルギーGが導入されたと考えるとすっきりする。あくまでも定温定圧という条件付きではあるが，後述するように実際のプロセスでは定温定圧とみなせるものが非常に多い。

図 2.8 に，定温定圧の閉じた系での最大非膨張仕事を示す。閉じた系内の内部エネルギーが減少（$\Delta U < 0$）したとき，その減少量（$-\Delta U > 0$）はすべて系外に放出されるが，膨張仕事$p\Delta V$を使うことはほとんどないので，定圧の閉じた系で実際にわれわれが利用するのは，内部エネルギー減少量から膨張仕事を除いたエンタルピー減少量（$-\Delta H = -\Delta U - p\Delta V$）である。圧力だけでなく温度も一定のとき，そのエンタルピー減少量のうち$-T\Delta S$は熱として最低限放出されなければならず，実際に使える非膨張仕事の最大量は，エンタルピー減少量$-\Delta H = -\Delta U - p\Delta V$から放熱量$-T\Delta S$を減じたギブス自由エネルギー減少量$-\Delta G = -\Delta U - p\Delta V + T\Delta S$となる。

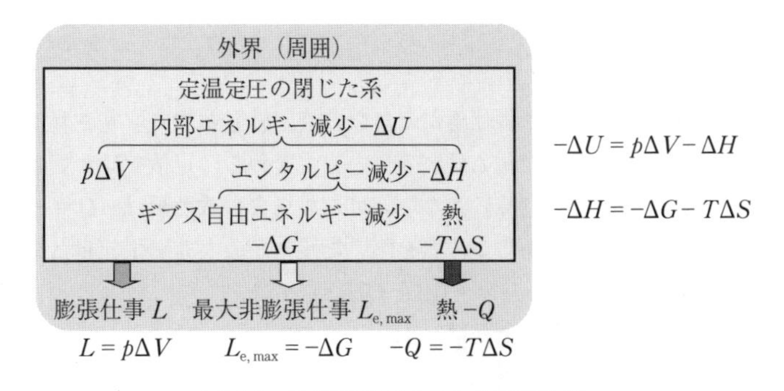

図 2.8　定温定圧での最大非膨張仕事

まとめると，定圧の閉じた系では非膨張仕事と熱の総量（$L_e - Q$）がエンタルピー減少量$-\Delta H$と等しく，さらに等温の場合は，そのうち熱を除いた非膨張仕事として取り出せる最大量が，ギブス自由エネルギー減少量$-\Delta G$となる。最大非膨張仕事は，もちろん可逆プロセスの際に得られる。一方，不可逆プロセスの場合に取り出せる非膨張仕事は，式 (2.7) のようにエントロピーが生成した分だけ目減りする。断熱膨張のときと同様に，ここでもエントロピーの生成を抑えることが重要なのである。このように，使える仕事と熱というわれわれのニーズに対して，驚くほど便利なように系内の状態量が定義されていることがわかると思う。

ここで，ギブス自由エネルギーが意味をもつのは定温定圧という条件が付いたときだけなので，一般性がなく価値がないように思うかもしれない。しかしながら，電池での反応をはじめ，多くの化学反応はほぼ定温定圧とみなせる条件で進行する場合が多い。例えば，自動車用の固体高分子形燃料電池は約 1 気圧，80℃であり，ガスタービンと固体酸化物形燃料電池（SOFC）のハイブリッドシステムにおける SOFC の運転条件は，約 4 気圧，900℃である。

例題2.4

上述したように，定温定圧の閉じた系における最大非膨張仕事はギブス自由エネルギー変化で与えられるが，定温定積での最大非膨張仕事はどのように表されるか？

解答

体積一定の閉じた系では膨張仕事がゼロなので，外界とやり取りされる仕事と熱の総量は内部エネルギー変化 ΔU と等しい。すなわち，定積ではわざわざエンタルピーを導入する必要（意味）がない。可逆の場合の放熱量は $-Q = -T\Delta S$ なので，内部エネルギー変化からこの熱を除いた残りが最大非膨張仕事となる。

$$\delta L_e = -\mathrm{d}U + T\mathrm{d}S - T\cdot P_s = -(\mathrm{d}U - T\mathrm{d}S) - T\cdot P_s$$

定積に加えて等温の場合，上式は

$$\delta L_e = -\mathrm{d}(U - TS) - T\cdot P_s$$

となり，ヘルムホルツ自由エネルギー $A = U - TS$ の変化が最大非膨張仕事となる。実際のプロセスでは定温定積という条件が少ないため，使用される機会も少ない。これが，ギブス自由エネルギーがヘルムホルツ自由エネルギーよりも実用上重要となる理由である。

2.5　定温・定圧プロセスにおける自発変化

ある変化を引き起こすために外部からの仕事を必要としない変化を**自発変化**（spontaneous change）と呼ぶ。以下，定温定圧での自発変化とギブス自由エネルギーの関係について見てみよう。式 (2.4) を

$$T\mathrm{d}S = \delta Q + T \cdot P_s \qquad (P_s \geqq 0) \tag{2.9}$$

と変形する。定圧の場合は，式 (1.2) で示したように外界と系でやり取りされる熱は $\delta Q = \mathrm{d}H$ となるので

$$T\mathrm{d}S - \mathrm{d}H = T \cdot P_s \geqq 0 \tag{2.10}$$

が得られる。なお，ここでは仕事を必要としない自発変化を考えているので，非膨張仕事は考慮しない。さらに，温度一定の場合は $\mathrm{d}G = \mathrm{d}H - T\mathrm{d}S$ となるので

$$\mathrm{d}G \leqq 0 \tag{2.11}$$

となる。

このように仕事が加わらない定温定圧の閉じた系では，いかなる変化でもギブス自由エネルギーが必ず減少する。逆にいえば，仕事を加えなくても進む自発変化とは，ギブス自由エネルギーが減少する変化のことである。最終的に，系はギブス自由エネルギーが極小の状態（**平衡**，equilibrium）に至る。

$$\mathrm{d}G = 0 \tag{2.12}$$

これが定温定圧での平衡条件である。ちなみに，定温定積で平衡となる条件は，ヘルムホルツ自由エネルギー変化がゼロ（$\mathrm{d}A = 0$）となることであるが，定積という条件があまりないため，実際に用いられることも少ない。

単相の純物質で構成される系では，温度と圧力が一定であれば状態も一定なので，状態量であるエンタルピーもギブス自由エネルギーも変化しない。すなわち，単相純物質の定温定圧プロセスから得られる非膨張仕事はゼロである。定温定圧での非膨張仕事とか自発変化を議論しているのは，後述するように化学反応を想定している。化学反応では，定温定圧においても組成が変わるので状態が変化し，エンタルピーやギブス自由エネルギーも変化する。その変化分

を熱や非膨張仕事として系外に取り出したり，自発変化の駆動力として利用できるのである。

前節で説明したように，ギブス自由エネルギー変化は，定温定圧プロセスでの非膨張仕事の最大値を与える。このことと，上述の自発変化の方向性の議論を合わせて考えると，「仕事をするポテンシャルを有する」ということと，「自発変化が進む」ということは同義であることがわかる。逆にいえば，「勝手に自発変化を進める（= なにもせずにギブス自由エネルギーを減少させてしまう)」ことは，「仕事をするポテンシャルを放棄している」ということと同じである。

燃料に火を点けて燃やすこと（燃料の酸化反応）は，ギブス自由エネルギーが大きく減少する自発変化である。「速く」，「安く」，「簡単に」反応が進むので，人類は太古から火（燃焼）を利用してきた。しかしながら，同時にその過程で仕事を取り出すポテンシャルを大幅に失っていることを肝に銘じておくべきである。火を使わない人類になれるかどうかがいま問われているのである。

演 習 問 題

〔**2.1**〕 **マクスウェルの関係式**（Maxwell relations）が成り立つことを示せ。

$$\left(\frac{\partial T}{\partial v}\right)_s = -\left(\frac{\partial p}{\partial s}\right)_v, \qquad \left(\frac{\partial T}{\partial p}\right)_s = \left(\frac{\partial v}{\partial s}\right)_p$$

$$\left(\frac{\partial v}{\partial T}\right)_p = -\left(\frac{\partial s}{\partial p}\right)_T, \qquad \left(\frac{\partial p}{\partial T}\right)_v = \left(\frac{\partial s}{\partial v}\right)_T$$

〔**2.2**〕 20 気圧，1 500℃，比エンタルピー $h_{\rm in} = 1\,970$ kJ/kg の高温高圧ガスを，1 気圧まで可逆断熱膨張させると，580℃，$h_{\rm out} = 880$ kJ/kg の常圧のガスとなることがわかっている。この高温ガスを 100 kg/s の流量で断熱効率 80%のタービンに導入し，断熱膨張させたときのタービン出力を求めよ。

〔**2.3**〕 問題〔2.2〕の 580℃常圧のガスを，100 kg/s の流量で 20 気圧まで断熱効率 75%の圧縮機で圧縮するのに必要となる仕事率を求めよ。

〔**2.4**〕 定圧比熱 c_p，比熱比 κ の理想気体が，初期に温度 T_1，圧力 p_1 の状態 1 にあった。定常流動系とみなせる不可逆な圧縮機を用いて，この理想気体を圧力 p_2 ま

で圧縮したところ，圧縮機出口温度が T_2 の状態 2 となった。この不可逆な圧縮機における，理想気体単位質量当りのエントロピー生成を求めよ。

〔**2.5**〕　問題〔2.4〕の圧縮機の断熱効率を求めよ。ここで，圧縮機の断熱効率は，実際の圧縮仕事に対する可逆的に断熱圧縮したときの仕事の比である。

〔**2.6**〕　定常流動系において，理想気体を圧力 p_1 から圧力 p_2 まで断熱圧縮する。可逆的に圧縮した状態を状態 2，不可逆的に圧縮した状態を状態 3 とする。可逆的に圧縮した場合よりも不可逆的に圧縮した場合のほうが必要な圧縮仕事は大きくなるが，この増分に相当する面積を**問図 2.1**(a)の p–V 線図および図(b)の T–S 線図に描け。

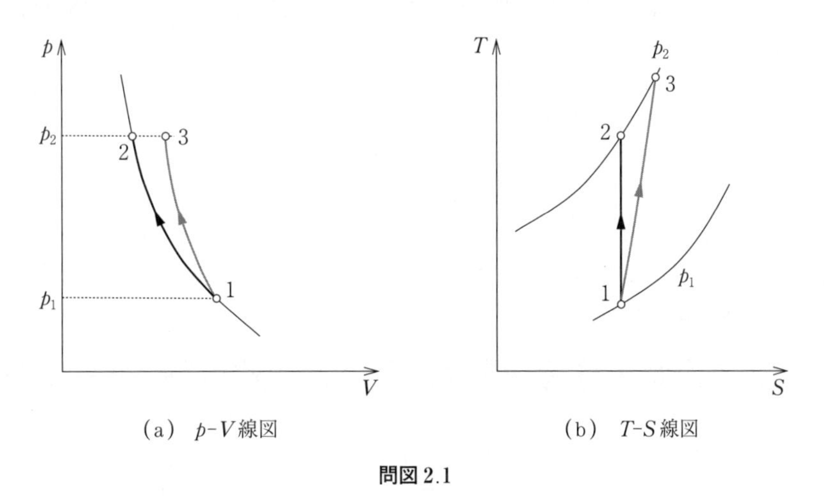

(a)　p-V 線図　　(b)　T-S 線図

問図 2.1

〔**2.7**〕　定温定積の閉じた系における平衡条件を，ヘルムホルツ自由エネルギー $A = U - TS$ を用いて記述せよ。

3章 「状態量」の求め方

◆本章のテーマ

1章と2章で，われわれがよく遭遇する定温定圧プロセスや定常流動系を例に，実際に使える熱，工業仕事，最大非膨張仕事に対応して，エンタルピーやギブス自由エネルギーといった系の状態量が非常に便利に定義されていることを学んだ。本章では，これらの状態量の値の具体的な求め方について解説する。一般に，化学反応における状態を議論するためには，系を構成する成分や相も考える必要がある。特に，成分ごとのエネルギーがそれぞれの量や強度でどのように変化し，最終的に系全体の状態量であるギブス自由エネルギーがどのような値になるのかを計算できるようになることを目的とする。

◆本章の構成（キーワード）

3.1 概　要
3.2 標準生成エンタルピー
　　標準状態，標準エンタルピー変化
3.3 標準生成ギブス自由エネルギー
　　標準ギブス自由エネルギー変化
3.4 ギブス自由エネルギーの圧力依存性
　　理想気体
3.5 化学ポテンシャル
　　化学反応，相変化
3.6 フガシティーと活量
　　実在気体，非理想溶液
3.7 化学平衡
　　平衡定数
3.8 相平衡
　　ギブスの相律

◆本章を学ぶと以下の内容をマスターできます

☞ 標準状態におけるエンタルピーやギブス自由エネルギーの求め方
☞ 化学ポテンシャルとギブス自由エネルギーの関係
☞ 実在気体と非理想溶液の扱い方
☞ 化学平衡と相平衡

3.1　概　　要

1章と2章で，われわれがよく遭遇する定温定圧プロセスや定常流動系を例に，実際に使える熱や仕事に対応して，エンタルピーやギブス自由エネルギーといった系の状態量が便利に定義されていることを学んだ。エネルギー利用においては熱と仕事が主役であり，それらに対応して変化する系内の状態量が存在することが理解できたと思う。しかしながら，この知識は実際に使えなければ意味がない。本章では，これらの状態量の値を実際にどのようにして求めればよいのか，その具体的な計算方法について解説する。たいへんありがたいことに，熱力学はこの計算方法についても非常に強力なツールを用意してくれている。

一般に，多相多成分系の状態を知るためには，温度や圧力などはもちろんであるが，この他に系を構成する成分や相も考える必要がある。特に，化学反応のように系を構成する成分が変化する場合の最大非膨張仕事や平衡を議論するためには，当然のことながら系の状態が成分に応じて変化することを考える必要がある。単位量当りのエネルギー（化学ポテンシャル）の異なる成分が複数あって，それぞれの量（モル数）とそれぞれの分圧または濃度（活量）が変化したときに，最終的に系全体の状態量（ギブス自由エネルギー）がどれだけ変化するのか，などを定量的に求めることができなければならない。

3.2　標準生成エンタルピー

化学反応は，圧力と温度が一定の条件で進行することが多い。したがって，エンタルピーやギブス自由エネルギーが重要な状態量となる。**反応熱**（heat of reaction）とは，ある温度と圧力において，反応物が生成物に化学反応した際のエンタルピー差のことである。ここで，化学反応の物質の組合せは無数に存在するため，化学反応ごとに反応熱をあらかじめ定義しようとすると，事前に無数のエンタルピー差を準備しておく必要が生じ，たいへん不便である。そこで，「最初の反応物と最終的な生成物が同じであれば，反応熱は反応経路によらず一定である」という**ヘスの法則**（Hess's law）を利用する。

まず，元素ごとに基準となる標準物質を決めておき，その標準物質から化合物や分子を合成したときのエンタルピー差を，それら化合物や分子ごとにあらかじめ求めておく。そうすれば，ヘスの法則から標準物質を介して，任意の分子や化合物の組合せである化学反応のエンタルピー差を計算することができる。分子や化合物の数もそれなりに多いが，それらの膨大な組合せである化学反応の式の数よりははるかに少ない。

ここで，**標準状態**（standard state，指定された温度，圧力 1 bar）において，元素ごとに最も安定で基準となる状態を**標準物質**（reference substance）として定義する。水素，窒素，酸素であれば，H_2，N_2，O_2 などの分子，炭素であればグラファイト C，硫黄であれば結晶性硫黄 S などである。なお国際純正・応用化学連合（IUPAC）は，標準状態として $1\,\mathrm{bar} = 10^5\,\mathrm{Pa} = 0.987\,\mathrm{atm}$ を推奨しているが，長らく標準状態として 1 atm（= 1.013 bar）が使われていたこともあって，両方混在して使われているのが実情である。温度は任意であるが，指定されていなければ 25℃（または 0℃）である場合が多い。

標準状態（指定された温度，圧力 1 bar）において，標準物質からその物質を合成した際のエンタルピー差を**標準生成エンタルピー**（standard enthalpy of formation）と呼び，$\Delta_f H^\circ$と記述する。下付き添字「$_f$」は，標準物質から生成したということを表す。上付き記号の「°」は，標準状態にあることを表す。例えば，$\Delta_f H^\circ_{CH_4} = -74.87\,\mathrm{kJ/mol}$（25℃）とは，1 bar（標準状態），25℃において，標準物質であるグラファイト C と水素 H_2 からメタンを合成したときのエンタルピー差

$$C + 2H_2 \rightarrow CH_4, \qquad \Delta H^\circ = -74.87\,\mathrm{kJ/mol} \tag{3.1}$$

のことである。ここで ΔH°が負ということは，反応の前後でエンタルピーが減少しているということであり，その分だけ系外にエネルギーが放出される。すなわち，発熱反応であることを表す。

指定された温度，1 bar（標準状態）の条件での化学反応のエンタルピー変

化を**標準エンタルピー変化**（standard enthalpy change）と呼び，ΔH°と表す。標準生成エンタルピー$\Delta_f H^\circ$と標準エンタルピー変化ΔH°は紛らわしいが，別物である。前者は物質や分子ごとに定義されているのに対して，後者は化学反応に対して定義されている。

それでは，次式(3.2)に示すメタンの酸化反応（25℃）を例に，標準エンタルピー変化を標準生成エンタルピーから計算してみよう。

$$CH_4 + 2O_2 \rightarrow CO_2 + 2H_2O \tag{3.2}$$

この反応の各成分の標準生成エンタルピーは下記のとおりである。標準生成エンタルピー$\Delta_f H^\circ$は，NIST–JANAF表[1)†]などを調べれば簡単にその値を知ることができる。

$$\Delta_f H^\circ_{CH_4} = -74.87\ \mathrm{kJ/mol}, \qquad \Delta_f H^\circ_{O_2} = 0\ \mathrm{kJ/mol}$$

$$\Delta_f H^\circ_{CO_2} = -393.52\ \mathrm{kJ/mol}, \qquad \Delta_f H^\circ_{H_2O(l)} = -285.83\ \mathrm{kJ/mol}$$

$$\Delta_f H^\circ_{H_2O(g)} = -241.83\ \mathrm{kJ/mol}$$

ここでO_2は標準物質なので，その標準生成エンタルピーはゼロ（$\Delta_f H^\circ_{O_2} = 0$）である。標準エンタルピー変化$\Delta H^\circ$は，右辺の**生成物**（product）の標準生成エンタルピーの和から，左辺の**反応物**（reactant）のそれを減じることで得られる。

$$\begin{aligned}\Delta H^\circ &= \Delta_f H^\circ_{CO_2} + 2\Delta_f H^\circ_{H_2O} - \Delta_f H^\circ_{CH_4} - 2\Delta_f H^\circ_{O_2} \\ &= -393.52 - 2 \times 285.83 + 74.87 - 2 \times 0 = -890.31\ \mathrm{kJ/mol} \quad (\mathrm{HHV}) \\ &= -393.52 - 2 \times 241.83 + 74.87 - 2 \times 0 = -802.31\ \mathrm{kJ/mol} \quad (\mathrm{LHV})\end{aligned} \tag{3.3}$$

ここで，**HHV**（higher heating value）と**LHV**（lower heating value）は，それぞれ水の潜熱を含めた場合と含めない場合の値で，それぞれ**高位発熱量**および**低位発熱量**と呼ばれる。燃料によってはHHVとLHVとで1割程度値が異なることがあるので，効率の絶対値などを議論しているときなどは注意を要する。例えば，高性能な潜熱回収ボイラーには，カタログに記載されている効率が100％を超えるものがある。これは，水の潜熱を利用しない前提に立ってい

† 肩付き数字は，巻末の引用・参考文献の番号を表す。

るLHVで効率を定義しているにもかかわらず，実際には排気が数十℃になるまで熱回収して，排ガス中の水蒸気が凝縮する際の潜熱を水の余熱に利用しているためである。

3.3 標準生成ギブス自由エネルギー

標準生成エンタルピーの場合と同様に，標準物質としてH_2，N_2，O_2，C（グラファイト），S（硫黄）などをとり，ある指定された温度，1 barの条件で，標準物質からその物質を合成した際のギブス自由エネルギーの差を$\Delta_f G^\circ$で表し，**標準生成ギブス自由エネルギー**（standard Gibbs free energy of formation）と呼ぶ。前節で説明した標準生成エンタルピーの場合は，その温度依存性は一般に小さいが，標準生成ギブス自由エネルギーの場合は，ギブス自由エネルギーの定義に温度が陽に含まれることから明らかなように，温度によって値が大きく異なるので注意されたい。

メタン酸化反応（25℃）の**標準ギブス自由エネルギー変化**（standard Gibbs free energy change）を，標準生成ギブス自由エネルギーから計算すると

$$CH_4 + 2O_2 \rightarrow CO_2 + 2H_2O \tag{3.4}$$

$$\Delta_f G^\circ_{CH_4} = -50.77\ \mathrm{kJ/mol}, \qquad \Delta_f G^\circ_{O_2} = 0\ \mathrm{kJ/mol}$$

$$\Delta_f G^\circ_{CO_2} = -394.39\ \mathrm{kJ/mol}, \qquad \Delta_f G^\circ_{H_2O(l)} = -237.14\ \mathrm{kJ/mol}$$

$$\Delta_f G^\circ_{H_2O(g)} = -228.58\ \mathrm{kJ/mol}$$

$$\begin{aligned}\Delta G^\circ &= \Delta_f G^\circ_{CO_2} + 2\Delta_f G^\circ_{H_2O} - \Delta_f G^\circ_{CH_4} - 2\Delta_f G^\circ_{O_2} \\ &= -394.39 - 2\times 237.14 + 50.77 - 2\times 0 = -817.90\ \mathrm{kJ/mol} \quad \text{(HHV)} \\ &= -394.39 - 2\times 228.58 + 50.77 - 2\times 0 = -800.78\ \mathrm{kJ/mol} \quad \text{(LHV)}\end{aligned}$$

となる。この反応は標準ギブス自由エネルギーが減少する（$\Delta G^\circ < 0$）ので，自発的に進行する。また，この反応から取り出せる最大の非膨張仕事は，水の潜熱まで利用した場合はメタン1モル当り817.90 kJ（HHV），水の潜熱を利用しない場合は800.78 kJ（LHV）である。

例題3.1

298.15 K における窒素の標準物質はなにか？

解答

この温度，1 bar において一番安定なのは N_2 分子の気体であるので，N_2 ガスが標準物質である。

■

例題3.2

N_2 ガスの標準生成エンタルピーと標準生成ギブス自由エネルギーを求めよ。

解答

N_2 ガスは標準物質なので，標準生成エンタルピーも標準生成ギブス自由エネルギーもゼロである。反応の標準エンタルピー変化や標準ギブス自由エネルギー変化は，ヘスの法則を用いて求めるので，絶対値には実質的に意味がなく，基準だけ決めておけばよいのである。

■

水素の酸化反応を考えると，火を点けて燃やしてしまうとそのエンタルピー変化に相当するエネルギーはすべて熱として放出される。しかしながら，**図 3.1** に示すように，理想的にはギブス自由エネルギー変化の分だけ非膨張仕事が取り出せたはずである。この反応はエントロピーが減少する（モル数が減少し分子の微視的な運動エネルギーが減る）ので，非膨張仕事を可逆的に取り出した場合であっても，温度×エントロピー減少に相当する熱が必ず放出され，しかも高温になるほどこの熱の割合が大きくなる。温度が $T = 4\,328$ K 以上になると，標準ギブス自由エネルギー変化は正に転じる（$\Delta G^\circ > 0$）。つまり，$T = 4\,328$ K 以上では燃焼の逆反応である水の分解反応（$H_2O \rightarrow H_2 + (1/2)O_2$）の標準ギブス自由エネルギー変化が負になり（$\Delta G^\circ < 0$），水は自発的に水素と酸素に分解される。

図 3.2 は，メタンの部分酸化反応の例である。この反応も標準エンタルピー

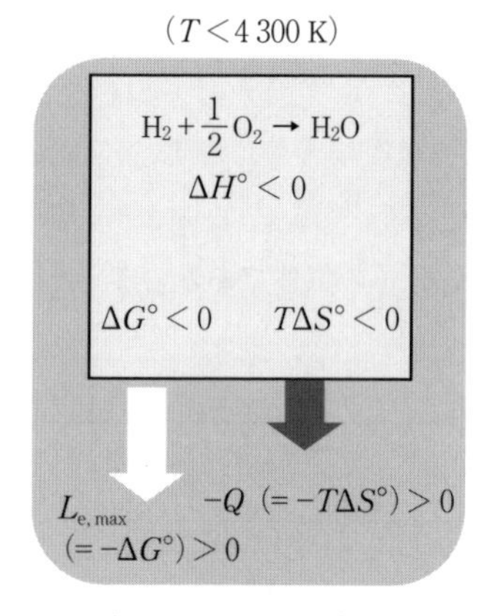

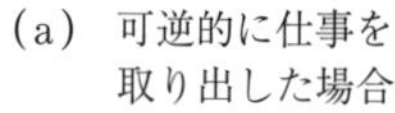

（a）可逆的に仕事を取り出した場合

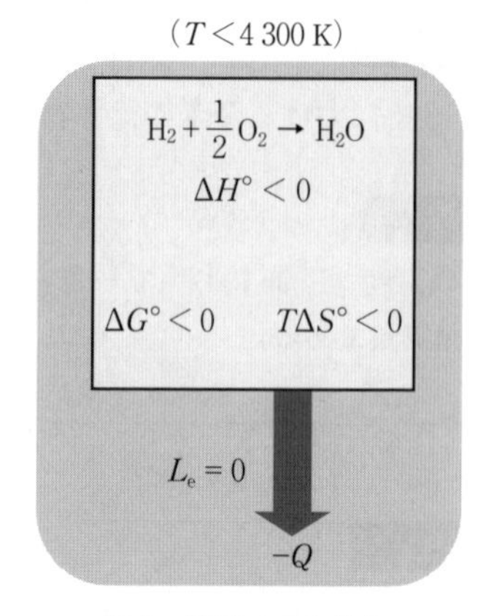

（b）燃焼させた場合

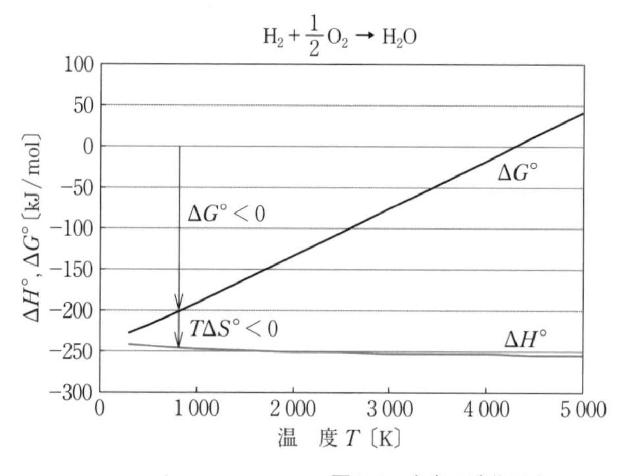

（c）標準エンタルピー・標準ギブス自由エネルギーの変化

図 3.1　水素の酸化反応

変化が負（$\Delta H^\circ < 0$）なので，発熱反応である。また，標準ギブス自由エネルギー変化も負なので（$\Delta G^\circ < 0$），非膨張仕事を取り出せる。ただし，この反応はモル数が増えてエントロピーが増大するため（$\Delta S > 0$），可逆的に反応が進んだ場合は，その分だけ外界から吸熱できる。つまり，もし可逆的にこの反応を進めることができれば，系外から熱を吸収し，その吸熱した分だけ非膨張仕事がエンタルピー変化よりも多く取り出せるということになる。さらには，

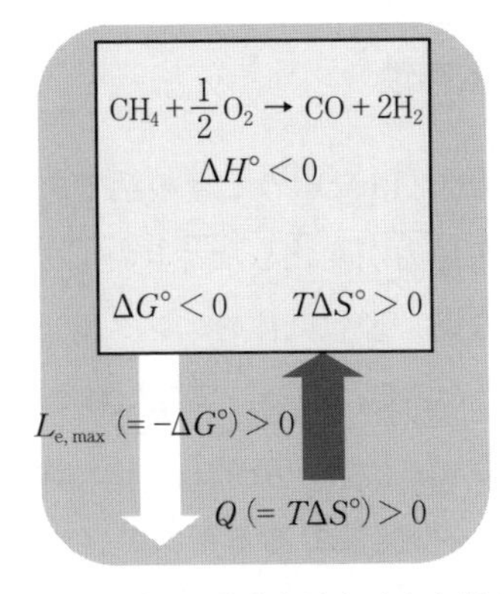

(a)　可逆的に仕事を取り出した場合

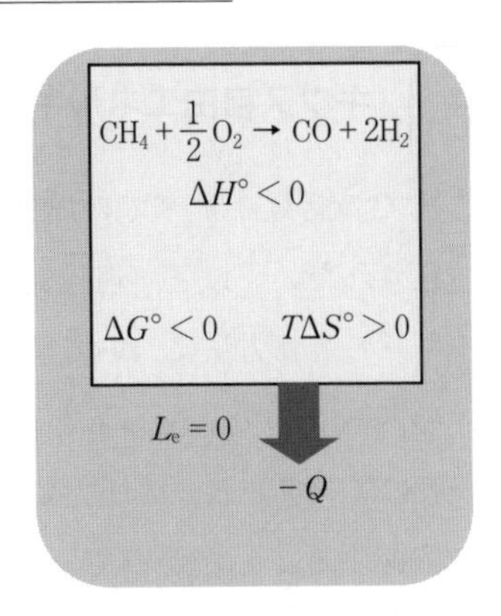

(b)　燃焼させた場合

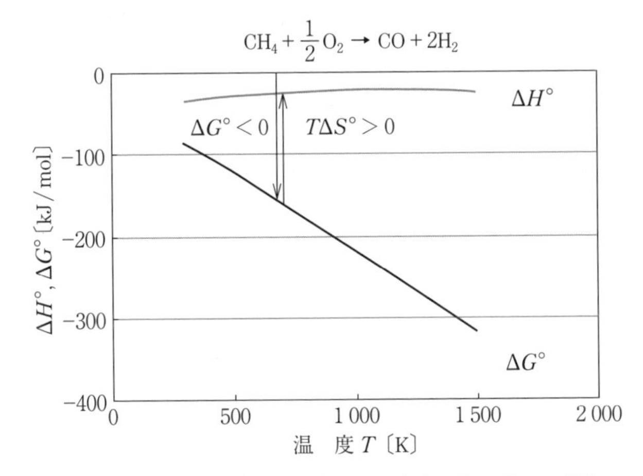

(c)　標準エンタルピー・標準ギブス自由エネルギーの変化

図 3.2　メタンの部分酸化反応

生成物として燃料として使える H_2 と CO が得られる，というたいへん興味深い反応である。

なお，先述したように標準生成エンタルピーも標準生成ギブス自由エネルギーも任意の温度で定義される（なにも記載がない場合は25℃か0℃のことが多い）。NIST–JANAF 表[1] などには，任意の温度の値が記載されている。

3.4 ギブス自由エネルギーの圧力依存性

ここまでの話は，すべての成分が標準状態（1 bar）のときの話であったことに注意されたい。以下，理想気体において圧力が変化したときのギブス自由エネルギーの計算方法について解説する。なお，理想気体のエンタルピーは温度だけの関数なので，圧力依存性を考慮する必要はない。実在気体の場合でも，一般にエンタルピーの圧力依存性は小さい。一方，エントロピーは温度と圧力に依存する。したがって，エントロピーの関数であるギブス自由エネルギーも，当然圧力依存性がある。

第一法則は $T\mathrm{d}S = \mathrm{d}H - V\mathrm{d}p = \mathrm{d}G + T\mathrm{d}S + S\mathrm{d}T - V\mathrm{d}p$，すなわち $\mathrm{d}G = -S\mathrm{d}T + V\mathrm{d}p$ と変形できるので，理想気体1モルの場合

$$\mathrm{d}G = -S\mathrm{d}T + \frac{R_0 T}{p}\mathrm{d}p \tag{3.5}$$

と書ける。したがって，温度一定で理想気体1モルが標準状態 p° から圧力 p へ変化したときのギブス自由エネルギー変化は

$$\Delta G = R_0 T \ln\frac{p}{p^\circ} \tag{3.6}$$

となる。ここで，標準状態（温度 T，圧力 p°）でのギブス自由エネルギーを G° とおくと，温度 T，圧力 p におけるギブス自由エネルギーは，以下のように表される。これが，温度 T における理想気体のギブス自由エネルギーの圧力依存性を示す式である。

$$G = G^\circ + \Delta G = G^\circ + R_0 T \ln\frac{p}{p^\circ} \tag{3.7}$$

理想気体1モルのエントロピー変化を考えると，第一法則より $\mathrm{d}s = \mathrm{d}h/T - v\mathrm{d}p/T = c_p\mathrm{d}T/T - R_0\mathrm{d}p/p$ なので，温度一定で圧力が標準状態 p° から p へ変化した場合のエントロピー変化は，$\Delta s = -R_0\ln(p/p^\circ)$ である。つまり，式(3.7)右辺第二項は圧力が変化したときのエントロピー変化に対応している。圧力が高くなるとエントロピーが減少し，その分だけ自由エネルギーの大き

な，価値の高い状態になるということである。

3.5 化学ポテンシャル

これまで，温度と圧力が変化したときに，単一の理想気体で構成される系のギブス自由エネルギーがどのように変化するかを計算してきた。本節では，系を構成する物質の成分や相の分圧や濃度，およびそれらの量が変化した場合を考えてみよう。

化学反応や相変化では，混合物中で化学種や相の量あるいは分圧が変化する。物質や相ごとにエネルギーレベルは異なるので，組成や相が変化すると系全体のギブス自由エネルギーも変化する。そこで，系の成分や相の構成を考慮できるように，成分や相の単位量（1 モル）当りのエネルギー（化学ポテンシャル）を定義する。そして，それぞれの成分の増減量から，系全体のエネルギー変化を計算する。

多成分系のギブス自由エネルギー変化は，以下のように表される。

$$\mathrm{d}G = \left(\frac{\partial G}{\partial p}\right)_{T,\,n} \mathrm{d}p + \left(\frac{\partial G}{\partial T}\right)_{p,\,n} \mathrm{d}T + \left(\frac{\partial G}{\partial n_1}\right)_{p,\,T,\,n_{j(j\neq 1)}} \mathrm{d}n_1 + \left(\frac{\partial G}{\partial n_2}\right)_{p,\,T,\,n_{j(j\neq 2)}} \mathrm{d}n_2 + \cdots$$
$$= V\mathrm{d}p - S\mathrm{d}T + \sum_i \mu_i \mathrm{d}n_i \tag{3.8}$$

右辺第一項と第二項は単相単成分の場合と同じで，$\mathrm{d}G = \mathrm{d}H - T\mathrm{d}S - S\mathrm{d}T = \mathrm{d}U + p\mathrm{d}V + V\mathrm{d}p - T\mathrm{d}S - S\mathrm{d}T = V\mathrm{d}p - S\mathrm{d}T$ のことである（第一法則 $T\mathrm{d}S = \mathrm{d}U + p\mathrm{d}V$ を使った）。ここで

$$\mu_i = \left(\frac{\partial G}{\partial n_i}\right)_{p,\,T,\,n_{j(j\neq i)}} \tag{3.9}$$

を成分 i の**化学ポテンシャル**（chemical potential）と定義する。成分 i の化学ポテンシャルは，ある圧力と温度において，その成分を 1 モル増やしたとき，系のギブス自由エネルギーがどれだけ変化するかを表す。ここで n はモル数であり，下付き添字の $n_{j(j\neq i)}$ は i 以外の成分の量を一定に保つことを表す。純物質の場合（系が単一の成分で構成されている場合）を考えると

$$\mu = \left(\frac{\partial G}{\partial n}\right)_{p,\,T} = G_{\mathrm{m}} \tag{3.10}$$

となる。ここで，G_{m} はモルギブス自由エネルギーである。つまり，純物質の場合の化学ポテンシャルは，系の1モル当りのギブス自由エネルギーと等しく，理想気体の場合は，式 (3.7) と同様に以下のように表される。

$$\mu = \mu^{\circ} + R_0 T \ln \frac{p}{p^{\circ}} \tag{3.11}$$

これが理想気体の化学ポテンシャルの圧力依存性を表す式である。

定温定圧の条件では，式 (3.8) は

$$\mathrm{d}G = \sum_j \mu_i \mathrm{d}n_j \tag{3.12}$$

となる。上式と式 (2.8) ($\delta L_{\mathrm{e,\,max}} = -\mathrm{d}G$) との対比から明らかなように，化学ポテンシャルの変化の総和（に負号を付けたもの）が，定温定圧で取り出せる最大非膨張仕事となっている。定温定圧で成分や組成も変化しない場合は，式 (3.12) も当然ゼロとなる。つまり，成分や組成が変化しない定温定圧プロセスは，その温度圧力で平衡状態にあり，当然非膨張仕事も取り出せない。このように，定温定圧で取り出せる最大非膨張仕事は，化学反応などによる成分の変化がその源となっている。また，化学ポテンシャルの総和の変化がゼロとなることが，定温定圧での化学反応の平衡条件である。逆にいうと，定温定圧で化学反応や相変化が平衡に至るということは，式 (3.12) 右辺がゼロとなるように，異なる化学ポテンシャルをもつ成分の割合が変化するということである。

ここで，ギブス自由エネルギーの定義 $G = U + pV - TS$ を利用して，式 (3.8) を変形すると

$$\begin{aligned}\mathrm{d}U &= -p\mathrm{d}V - V\mathrm{d}p + T\mathrm{d}S + S\mathrm{d}T + \mathrm{d}G \\ &= -p\mathrm{d}V - V\mathrm{d}p + T\mathrm{d}S + S\mathrm{d}T + V\mathrm{d}p - S\mathrm{d}T + \sum_i \mu_i \mathrm{d}n_i \\ &= T\mathrm{d}S - p\mathrm{d}V + \sum_i \mu_i \mathrm{d}n_i \end{aligned} \tag{3.13}$$

の関係が得られる。同様にして

$$\mathrm{d}H = T\mathrm{d}S + V\mathrm{d}p + \sum_i \mu_i \mathrm{d}n_i \tag{3.14}$$

$$\mathrm{d}A = -p\mathrm{d}V - S\mathrm{d}T + \sum_i \mu_i \mathrm{d}n_i \tag{3.15}$$

となる。ここで，A はヘルムホルツ自由エネルギー $A = U - TS$ である。以上から，つぎの関係が得られる。

$$\mu_i = \left(\frac{\partial U}{\partial n_i}\right)_{S,\, V,\, n_{j(j\neq i)}} = \left(\frac{\partial H}{\partial n_i}\right)_{S,\, p,\, n_{j(j\neq i)}} = \left(\frac{\partial A}{\partial n_i}\right)_{T,\, V,\, n_{j(j\neq i)}} = \left(\frac{\partial G}{\partial n_i}\right)_{p,\, T,\, n_{j(j\neq i)}} \tag{3.16}$$

このように，化学ポテンシャルはギブス自由エネルギーだけでなく，その物質が単位量だけ変化したときの内部エネルギー U，エンタルピー H，ヘルムホルツ自由エネルギー A の変化も表す。ただし，一定に保つ条件がそれぞれ異なることに注意してほしい。

3.6　フガシティーと活量

これまで理想気体の場合について議論を進めてきたが，実在気体の場合は分子間力や分子体積の影響があるので，理想気体の式 (3.11) をそのまま用いることはできない。実在気体を正確に記述できる式を導くのはたいへん難しい。そこで，実在気体の場合は，以下のような簡便な方法で化学ポテンシャルを求める。

まず，対象とする実在気体と同じ化学ポテンシャルの値をとる仮想の理想気体を考える。この理想気体の圧力は，当然実在気体の実際の圧力とは異なるが，化学ポテンシャルの値は同じである。つまり，この見かけの理想気体の圧力を使うことで，理想気体の式 (3.11) の形式をそのまま使って，実在気体の化学ポテンシャルを計算することができる。この見かけの圧力を**フガシティー**（fugacity，f）と呼ぶ（フガシティーは「逃げる傾向」という意味のラテン語に由来する）。式 (3.11) の形式を使いたいがために，真の圧力 p を見かけの圧力（フガシティー f）で置き換えるのである。

$$\mu = \mu^\circ + R_0 T \ln \frac{f}{p^\circ} \tag{3.17}$$

図 3.3（b）のように，実在気体の化学ポテンシャルは理想気体とは異なる圧力依存性を示すが，フガシティーを用いることで図（c）に示すように図（a）

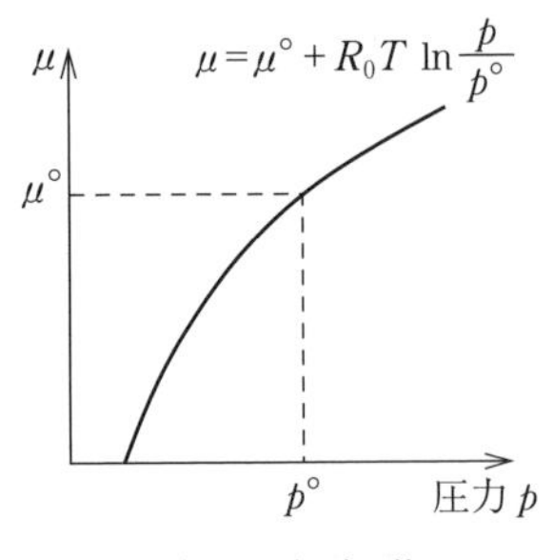

(a) 理想気体

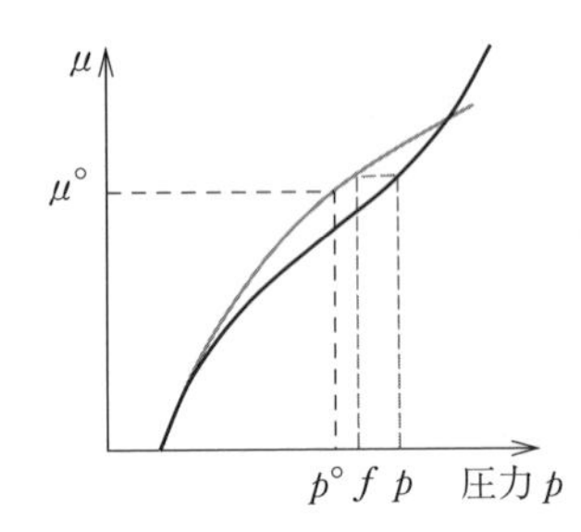

高圧では反発力が働くので，同じ圧力でも μ が大
「逃げる傾向」：大

低圧では引力が働くので，同じ圧力でも μ が小
「逃げる傾向」：小

(b) 実在気体

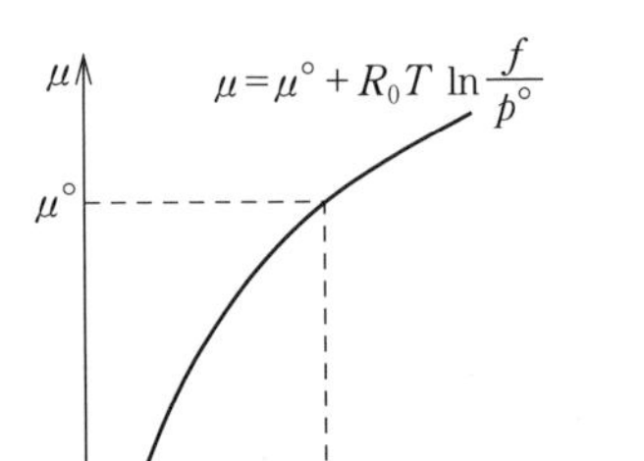

p°　フガシティー f

(c) 実在気体

図3.3　化学ポテンシャルとフガシティー

理想気体と同じ式を使うことができる。式を変えるのではなく変数を変えてしまうというのは，なんとも大胆ではあるが，そのおかげで難しいモデルや式を導入しなくてもすむ。

実際のフガシティーの値は，つぎのような手順で求めることができる。まず，$\mathrm{d}G = -S\mathrm{d}T + V\mathrm{d}p$ という関係を考える。これは，第一法則 $T\mathrm{d}S = \mathrm{d}H - V\mathrm{d}p$ にギブス自由エネルギーの定義 $G = H - TS$ を代入した $T\mathrm{d}S = \mathrm{d}G + T\mathrm{d}S + S\mathrm{d}T - V\mathrm{d}p$ から導かれるので，これは理想気体でも実在気体でも成り立つ式である。温度が一定の場合，この式は $\mathrm{d}G = V\mathrm{d}p$ となるから，単成分 1 モルから成る系を考えると，化学ポテンシャルには $\mathrm{d}\mu = v\mathrm{d}p$ が成り立つ。ここで，v は 1 モル当りの体積である。したがって，温度 T において圧力が p' から p まで変化したときの実在気体の化学ポテンシャル変化は，式 (3.17) を用いて

$$\mu - \mu' = \int_{p'}^{p} v\mathrm{d}p = R_0 T \ln \frac{f}{f'} \tag{3.18}$$

と書ける。

一方，理想気体の場合は

$$\mu_{\text{ideal}} - \mu'_{\text{ideal}} = \int_{p'}^{p} v_{\text{ideal}}\,\mathrm{d}p = R_0 T \ln\frac{p}{p'} \tag{3.19}$$

であるから，両者の差をとると

$$\int_{p'}^{p} (v - v_{\text{ideal}})\,\mathrm{d}p = R_0 T \ln\frac{f}{f'}\frac{p'}{p} \tag{3.20}$$

となる。$p' \to 0$ の極限では，実在気体も理想気体に近づくので，$p'/f' \to 1$ である。したがって

$$\ln\frac{f}{p} = \frac{1}{R_0 T}\int_{0}^{p} (v - v_{\text{ideal}})\,\mathrm{d}p \tag{3.21}$$

が得られる。右辺の比容積に実在気体と理想気体の状態方程式を代入して積分すれば，フガシティー f と実際の圧力 p の比が求まる。

例題3.3

高圧の実在気体において，分子間引力が無視できる一方で，分子の大きさが無視できなくなり反発力が優勢になる状態を考える。そのときの状態方程式が

$$p(v - b) = R_0 T$$

で与えられるとき，この実在気体のフガシティーを求めよ。

解答

式 (3.21) に，理想気体の状態方程式 $pv = R_0 T$ と実在気体の状態方程式（この例題の場合は $p(v - b) = R_0 T$）を代入すると

$$\ln\frac{f}{p} = \frac{1}{R_0 T}\int_{0}^{p}\left(\frac{R_0 T}{p} + b - \frac{R_0 T}{p}\right)\mathrm{d}p = \frac{bp}{R_0 T}$$

となり

$$f = p \times \exp\left(\frac{bp}{R_0 T}\right)$$

が得られる。

■

実在気体に対してフガシティー f を定義したように，非理想溶液や固体も含めた一般の場合に対して**活量**（activity）a を定義する。

$$\mu = \mu^\circ + R_0 T \ln a \tag{3.22}$$

活量 a は，モル分率（粒子数比）で定義される。活量 a は理想気体や理想溶液の式が使えるように値を修正した見かけのモル分率であり，**表 3.1** のように定義される。溶液で気体と同じ式を使うのは奇異に感じるかもしれないが，溶液の場合は溶質と平衡になっている気相を考え，その平衡になっている気相の式を代用するのである。

表 3.1　活量の定義

気　　体	分圧で代用。標準状態は $p^\circ = 1$ bar。理想気体は $a = p/p^\circ$，実在気体は $a = f/p^\circ$。
溶　　質	モル濃度で代用。標準状態は $c^\circ = 1$ mol/dm^3（dm^3 = l）。**理想溶液**（ideal solution）は $a = c/c^\circ$，**非理想溶液**（non–ideal solution）は $a = \gamma c/c^\circ$。ここで，γ は**活量係数**（activity coefficient）である。濃度 c の非理想溶液は，濃度 γc の理想溶液と同じ化学ポテンシャルをもつ。
溶　　媒	希薄溶液を扱う場合が多く，モル分率 ≒ 1 より $a = 1$ とおく場合が多い。
固　　体	その固体が解けてなくならないかぎり，原子やイオンの供給が可能なので，純粋な固体の活量は $a = 1$。
金属中の電子	金属中の電子も，固体と同様な理由で十分な供給があるので $a = 1$ とする。

3.7　化 学 平 衡

つづいて，化学ポテンシャルとギブス自由エネルギーを使って化学反応の平衡を記述してみよう。つぎのような反応を考える。

$$a\mathrm{A} + b\mathrm{B} \rightarrow c\mathrm{C} + d\mathrm{D} \tag{3.23}$$

ここで，反応進行度 ξ を**表 3.2** のように定義する。

表 3.2　反応進行度

	A	B	C	D
反応進行度 = 0	a〔mol〕	b〔mol〕	0 mol	0 mol
反応進行度 = ξ	$a(1-\xi)$〔mol〕	$b(1-\xi)$〔mol〕	$c\xi$〔mol〕	$d\xi$〔mol〕
反応進行度 = 1	0 mol	0 mol	c〔mol〕	d〔mol〕

一定の温度 T，圧力 p において，式 (3.23) の反応が $\mathrm{d}\xi$ だけ進行したとき，系のギブス自由エネルギー変化は，各成分の化学ポテンシャルを用いて以下のように表される。

$$\begin{aligned} \mathrm{d}G &= \mu_\mathrm{A}\mathrm{d}n_\mathrm{A} + \mu_\mathrm{B}\mathrm{d}n_\mathrm{B} + \mu_\mathrm{C}\mathrm{d}n_\mathrm{C} + \mu_\mathrm{D}\mathrm{d}n_\mathrm{D} \\ &= -a\mu_\mathrm{A}\mathrm{d}\xi - b\mu_\mathrm{B}\mathrm{d}\xi + c\mu_\mathrm{C}\mathrm{d}\xi + d\mu_\mathrm{D}\mathrm{d}\xi \end{aligned} \tag{3.24}$$

理想気体の場合，ギブス自由エネルギー変化は式 (3.11) を用いて以下のように表される。

$$\begin{aligned} \left(\frac{\partial G}{\partial \xi}\right)_{T,p} &= -a\mu_\mathrm{A} - b\mu_\mathrm{B} + c\mu_\mathrm{C} + d\mu_\mathrm{D} \\ &= -a\mu_\mathrm{A}^\circ - b\mu_\mathrm{B}^\circ + c\mu_\mathrm{C}^\circ + d\mu_\mathrm{D}^\circ + R_0 T \ln\left\{\frac{(p_\mathrm{C}/p^\circ)^c (p_D/p^\circ)^d}{(p_\mathrm{A}/p^\circ)^a (p_B/p^\circ)^b}\right\} \\ &= \Delta G^\circ + R_0 T \ln\left\{\frac{(p_C/p^\circ)^c (p_D/p^\circ)^d}{(p_A/p^\circ)^a (p_B/p^\circ)^b}\right\} \end{aligned} \tag{3.25}$$

平衡状態では，上式はゼロとなる（$a\mu_\mathrm{A} + b\mu_\mathrm{B} = c\mu_\mathrm{C} + d\mu_\mathrm{D}$）。

ここで，**平衡定数**（equilibrium constant）K_p を式 (3.26) のように定義し，平衡条件（式 (3.25) 右辺 = 0）を用いると

$$K_p \equiv \frac{(p_\mathrm{C}/p^\circ)^c (p_\mathrm{D}/p^\circ)^d}{(p_\mathrm{A}/p^\circ)^a (p_\mathrm{B}/p^\circ)^b} = \frac{p_\mathrm{C}^c p_\mathrm{D}^d p^{\circ(a+b-c-d)}}{p_\mathrm{A}^a p_\mathrm{B}^b} = \exp\left(-\frac{\Delta G^\circ}{R_0 T}\right) \tag{3.26}$$

が得られる。なお，一般の場合には分圧ではなく活量が用いられ，平衡条件は以下のように表される。

$$0 = \Delta G^\circ + R_0 T \ln\left(\frac{a_\mathrm{C}^c a_\mathrm{D}^d}{a_\mathrm{A}^a a_\mathrm{B}^b}\right) \tag{3.27}$$

以下，具体的な例としてメタンの水蒸気改質反応を考えてみよう。

$$\mathrm{CH_4 + H_2O \rightarrow CO + 3H_2} \tag{3.28}$$

化学平衡では，各成分がある分圧となった状態で，メタンが水素に変換される右向きの反応と，水素がメタン化される左向きの反応が釣り合う。理想気体を仮定すると，式 (3.28) のギブス自由エネルギー変化は

$$\Delta G(p, T) = \Delta G^\circ(p^\circ, T) + R_0 T \ln\left\{\frac{(p_\mathrm{CO}/p^\circ)(p_\mathrm{H_2}/p^\circ)^3}{(p_\mathrm{CH_4}/p^\circ)(p_\mathrm{H_2O}/p^\circ)}\right\}$$

$$= \Delta G^\circ(p^\circ, T) + R_0 T \ln\left(\frac{p_{CO}p_{H_2}^3}{p_{CH_4}p_{H_2O}p^{\circ 2}}\right) \tag{3.29}$$

となる。したがって，平衡条件 $\Delta G(p, T) = 0$ は

$$R_0 T \ln\left(\frac{p_{CO}p_{H_2}^3}{p_{CH_4}p_{H_2O}p^{\circ 2}}\right) = -\Delta G^\circ(p^\circ, T) \tag{3.30}$$

である。なお，平衡定数 K_p は以下のように定義される。

$$K_p = \frac{(p_{CO}/p^\circ)(p_{H_2}/p^\circ)^3}{(p_{CH_4}/p^\circ)(p_{H_2O}/p^\circ)} = \frac{p_{CO}p_{H_2}^3}{p_{CH_4}p_{H_2O}p^{\circ 2}} \tag{3.31}$$

この反応は**図 3.4** に示すように，標準ギブス自由エネルギー変化が温度 $T = 880$ K 程度のとき $\Delta G^\circ = 0$ となる。つまり，$T = 880$ K で $K_p = 1$，すなわち反応系と生成系の分圧がほぼ釣り合った状態が平衡となる。それ以上の温度の場合は $\Delta G^\circ < 0$（$K_p > 1$）となり，式 (3.30) から平衡は生成系に偏る。**図 3.5** のメタノールの水蒸気改質反応の場合は，低温でも $\Delta G^\circ < 0$ なので，かなり低温から改質反応（右向きの反応）が自発的に進行できる。つまり，低温の排熱などの低質な熱エネルギーを利用して水素を発生させることができる。このように，標準ギブス自由エネルギー変化や平衡定数から，反応がどの温度でどの程度進行することができるのか，あるいは逆反応が進行するのかといったことが判別できる。

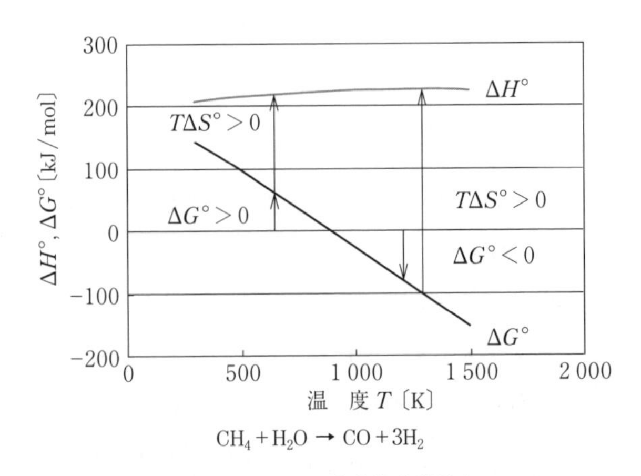

図 3.4　メタンの水蒸気改質反応

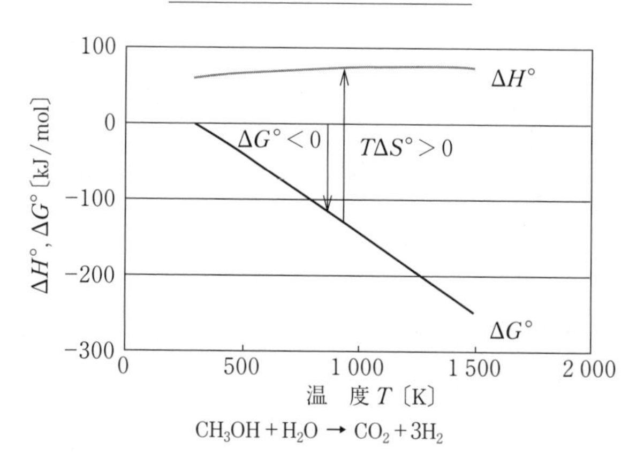

図 3.5　メタノールの水蒸気改質反応

3.8　相　　平　　衡

つづいて，孤立多相系の平衡を考える。**図 3.6** に示すように，体積一定の孤立系（孤立系なので，系は当然断熱されている）の中で，α 相と β 相が隔壁によって二つの部屋に仕切られている。まず図 (a) のように，系がストッパーで固定された熱伝導性を有する壁で仕切られた場合を考える。孤立系なので，第一法則から

$$\mathrm{d}U = \mathrm{d}U^{\alpha} + \mathrm{d}U^{\beta} = 0 \tag{3.32}$$

である。系全体のエントロピー変化は

$$\begin{aligned}\mathrm{d}S = \mathrm{d}S^{\alpha} + \mathrm{d}S^{\beta} &= \frac{\delta Q^{\alpha}}{T^{\alpha}} + P_s^{\alpha} + \frac{\delta Q^{\beta}}{T^{\beta}} + P_s^{\beta} \\ &= \frac{dU^{\alpha}}{T^{\alpha}} + P_s^{\alpha} + \frac{dU^{\beta}}{T^{\beta}} + P_s^{\beta} = \frac{dU^{\alpha}}{T^{\alpha}} - \frac{dU^{\alpha}}{T^{\beta}} + (P_s^{\alpha} + P_s^{\beta}) \\ &= \frac{dU^{\alpha}}{T^{\alpha}T^{\beta}}(T^{\beta} - T^{\alpha}) + (P_s^{\alpha} + P_s^{\beta})\end{aligned} \tag{3.33}$$

となる。ここで，それぞれの相は体積一定で膨張仕事はゼロなので $\delta Q = \mathrm{d}U$ の関係を使った。また，孤立系なので熱の出入りはなく，かつ平衡ではなにも起こらないので $P_s = 0$ かつ $\mathrm{d}S = 0$ となる。したがって，$T^{\alpha} = T^{\beta}$ が熱的平衡

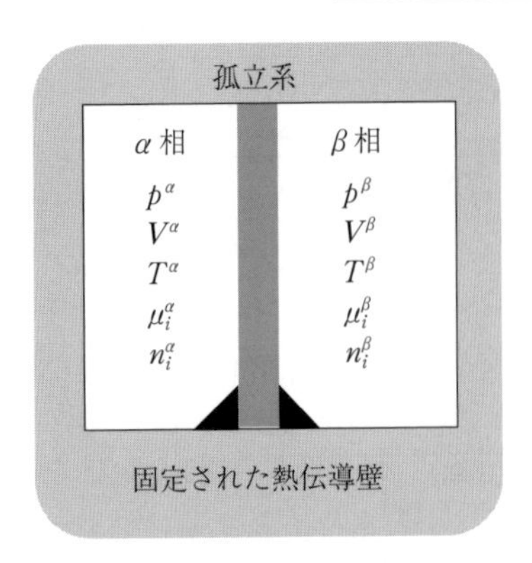

(a) 熱的平衡（$T^\alpha = T^\beta$）

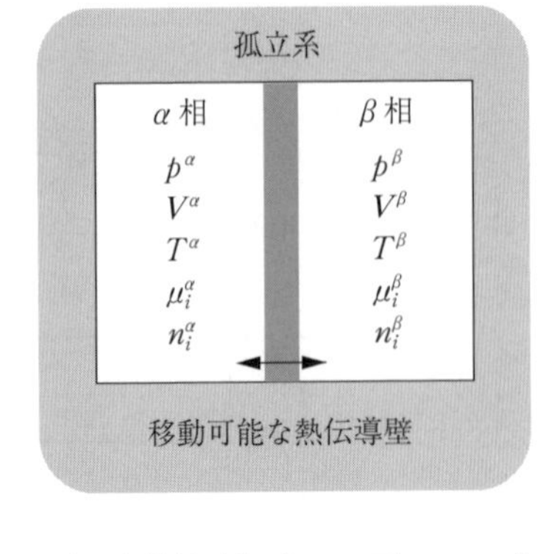

(b) 力学的平衡（$T^\alpha = T^\beta$, $p^\alpha = p^\beta$）

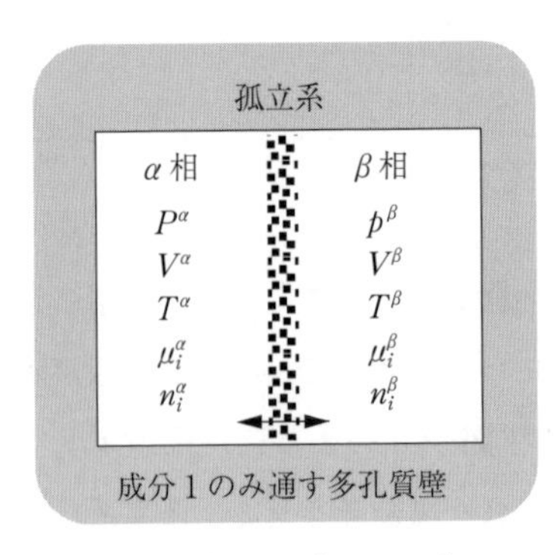

(c) 拡散平衡（$T^\alpha = T^\beta$, $p^\alpha = p^\beta$, $\mu_i^\alpha = \mu_i^\beta$）

図 3.6　二つの相の間の平衡

条件となる。

つづいて，熱的平衡の条件から図(b)のようにストッパーを外すと，隔壁は力学的な平衡を満たす位置まで移動して止まる。この場合は

$$\mathrm{d}U = \mathrm{d}U^\alpha + \mathrm{d}U^\beta = 0, \qquad \mathrm{d}V = \mathrm{d}V^\alpha + \mathrm{d}V^\beta = 0 \tag{3.34}$$

が成り立つ。このときの系のエントロピー変化は

$$\mathrm{d}S = \mathrm{d}S^\alpha + \mathrm{d}S^\beta = \frac{\delta Q^\alpha}{T} + P_s^\alpha + \frac{\delta Q^\beta}{T} + P_s^\beta$$

$$= \frac{\mathrm{d}U^\alpha}{T} + \frac{p^\alpha \mathrm{d}V^\alpha}{T} + P_s^\alpha + \frac{\mathrm{d}U^\beta}{T} + \frac{p^\beta \mathrm{d}V^\beta}{T} + P_s^\beta$$

$$= \frac{1}{T}(\mathrm{d}U^{\alpha} - \mathrm{d}U^{\alpha}) + \frac{1}{T}(p^{\alpha}\mathrm{d}V^{\alpha} - p^{\beta}\mathrm{d}V^{\alpha}) + (P_s^{\alpha} + P_s^{\beta})$$

$$= (p^{\alpha} - p^{\beta})\frac{\mathrm{d}V^{\alpha}}{T} + (P_s^{\alpha} + P_s^{\beta}) \tag{3.35}$$

となる。平衡状態にある孤立系では $\mathrm{d}S = 0$，$P_{\mathrm{s}} = 0$ なので，$T^{\alpha} = T^{\beta}$ に加えて力学的平衡条件として $p^{\alpha} = p^{\beta}$ が得られる。

つづいて，熱的・力学的平衡にある状態から，さらに図(c)のように隔壁を成分1のみを通す多孔質壁に取り替える。この場合

$$\mathrm{d}U = \mathrm{d}U^{\alpha} + \mathrm{d}U^{\beta} = 0, \qquad \mathrm{d}V = \mathrm{d}V^{\alpha} + \mathrm{d}V^{\beta} = 0,$$

$$\mathrm{d}n_1 = \mathrm{d}n_1^{\alpha} + \mathrm{d}n_1^{\beta} = 0 \tag{3.36}$$

が成り立つ。ここで，n_1 は成分1のモル数である。エントロピー変化は式(3.13)を用いて以下のように表される。

$$\mathrm{d}S = \mathrm{d}S^{\alpha} + \mathrm{d}S^{\beta}$$

$$= \frac{\mathrm{d}U^{\alpha}}{T} + \frac{p^{\alpha}\mathrm{d}V^{\alpha}}{T} - \frac{\mu_1^{\alpha}\mathrm{d}n_1^{\alpha}}{T} + P_s^{\alpha} + \frac{\mathrm{d}U^{\beta}}{T} + \frac{p^{\beta}\mathrm{d}V^{\beta}}{T} - \frac{\mu_1^{\beta}\mathrm{d}n_1^{\beta}}{T} + P_s^{\beta}$$

$$= (\mu_1^{\beta} - \mu_1^{\alpha})\frac{dn_1^{\alpha}}{T} + (P_s^{\alpha} + P_s^{\beta}) \tag{3.37}$$

したがって，$T^{\alpha} = T^{\beta}$，$p^{\alpha} = p^{\beta}$ に加え，拡散平衡では $\mu_1^{\alpha} = \mu_1^{\beta}$ となる。すなわち，異なる相が存在する場合の平衡条件は，それぞれの相において各成分の化学ポテンシャルが等しくなることである。

以上の議論を $1 \sim c$ までの C 成分，$\alpha \sim \theta$ までの Q 相からなる孤立多相多成分系に拡張すると，多相多成分系での平衡条件は以下のように表される。

$$T^{\alpha} = T^{\beta} = \cdots = T^{\theta}, \qquad p^{\alpha} = p^{\beta} = \cdots = p^{\theta},$$

$$\mu_1^{\alpha} = \mu_1^{\beta} = \cdots = \mu_1^{\theta}, \qquad \mu_2^{\alpha} = \mu_2^{\beta} = \cdots = \mu_2^{\theta},$$

$$\vdots$$

$$\mu_c^{\alpha} = \mu_c^{\beta} = \cdots = \mu_c^{\theta} \tag{3.38}$$

ここで，それぞれの相の状態は，温度 T と圧力 p の二つの状態量に加え，$C-1$ 個の成分のモル分率が決まれば求まる（$C-1$ 個の成分の分率が決まれ

ば，残りの一つも決まる)。すなわち，それぞれの相は $2+(C-1)=C+1$ 個の変数で記述される。相の数が Q 個なので，すべての相では $Q(C+1)$ 個の変数が存在することになる。一方，式 (3.38) からこの系には $(C+2)(Q-1)$ 個の平衡条件（等号の数）が存在する。自由度とは，変数の数から条件の数を減じたものである。したがって，この系の自由度 F は

$$F=Q(C+1)-(C+2)(Q-1)=C-Q+2 \tag{3.39}$$

となる。この関係を**ギブスの相律**（Gibbs' phase rule）という。例えば，単成分（$C=1$）の気液平衡（$Q=2$）の自由度は $F=1$ となり，温度 T または圧力 p のいずれかを与えると他方が自動的に決まる。

例題3.4

単成分の三重点の自由度を求めよ。

解答

単成分（$C=1$）の三重点（$Q=3$）は，$F=C-Q+2=1-3+2=0$ なので自由度はゼロである。つまり，これは物質の性質のみで決まり，人為的に制御することはできない。

■

演 習 問 題

〔**3.1**〕 アンモニアの酸化反応 $NH_3+\frac{3}{4}O_2 \rightarrow \frac{1}{2}N_2+\frac{3}{2}H_2O(g)$ の 1 000 K における標準エンタルピー変化（LHV）および標準ギブス自由エネルギー変化（LHV）を求めよ。ここで，各成分の 1 000 K における標準生成エンタルピーおよび標準生成ギブス自由エネルギーは，下記で与えられる。

$\Delta_f H^\circ_{NH_3}=-55.013$ kJ/mol,　　$\Delta_f H^\circ_{H_2O(g)}=-247.857$ kJ/mol

$\Delta_f G^\circ_{NH_3}=61.910$ kJ/mol,　　$\Delta_f G^\circ_{H_2O(g)}=-192.590$ kJ/mol

〔**3.2**〕 アンモニアの分解反応 $NH_3 \rightarrow \frac{1}{2}N_2+\frac{3}{2}H_2$ の 1 000 K における標準エンタルピー変化および標準ギブス自由エネルギー変化を求めよ。

〔**3.3**〕 図 3.2 に示したメタンの部分酸化反応 $CH_4+\frac{1}{2}O_2 \rightarrow CO+2H_2$ を考える。

標準状態において，メタン1モルを1 500 K で燃焼させたときの反応熱に相当する量を図中に矢印で記述せよ。また，可逆的に非膨張仕事を取り出した場合に，系と外界がやり取りする熱量を矢印で記述せよ。

〔**3.4**〕 一酸化炭素と水素からメタンを合成する反応 $CO + 3H_2 \rightarrow CH_4 + H_2O$ において，この反応を右に進めるためには，温度を上げるべきか，下げるべきか？

〔**3.5**〕 例題3.3において，高圧の窒素の状態方程式が

$$p(v - b) = R_0 T \qquad (b = 3.913 \times 10^{-5}\ \mathrm{m^3/mol})$$

で表されるとき，窒素50 bar，温度25℃のフガシティーを求めよ。ここで，気体定数は $R_0 = 8.314\ \mathrm{J/(mol \cdot K)}$ である。

4章 エクセルギー（有効エネルギー）

◆本章のテーマ

「エネルギーが枯渇する」といった表現がよく用いられるが，第一法則から明らかなように孤立系のエネルギーは減少あるいは枯渇することはない。われわれは，無意識のうちに便利で使いやすい価値のあるエネルギーを指して，このような表現を使っている。価値のあるエネルギーとは，われわれが仕事として使えるエネルギーのことであり，これを定量的に表現するために導入されたのがエクセルギーである。エネルギーとは異なり，エクセルギーは減少し，やがて環境と平衡になればゼロになって失われてしまう。エネルギー問題とは，標準周囲環境で生活しているわれわれが，どれだけエクセルギーを安全に，安定して，経済的に，環境に優しく使えるのか，ということである。本章では，さまざまな系におけるエクセルギー，そしてエクセルギーが失われる要因について学ぶ。

◆本章の構成（キーワード）

4.1 概　要
4.2 エクセルギーとギブス自由エネルギー
　標準周囲，最大仕事，平衡条件
4.3 エクセルギー率 100%のエネルギー
　電気，運動エネルギー，位置エネルギー
4.4 温度が一定の熱源のエクセルギー
　カルノーサイクル
4.5 閉じた系のエクセルギー
　内部エネルギー変化，エントロピー変化，膨張仕事
4.6 定常流動系のエクセルギー
　エンタルピー変化
4.7 燃料のエクセルギー
　標準ギブス自由エネルギー変化，膨張仕事
4.8 熱交換のエクセルギー損失
　温度差，向流，並流
4.9 タービンとコンプレッサーのエクセルギー損失
　エントロピー生成
4.10 ランキンサイクルとブレイトンサイクルのエクセルギー
　再生サイクル，再熱サイクル，中間冷却，超臨界サイクル，トリラテラルサイクル，ローレンツサイクル
4.11 冷凍サイクルのエクセルギー
　成績係数
4.12 エクセルギーから見た火力発電の効率の変遷
　蒸気発電，コンバインドサイクル，トリプル発電システム

◆本章を学ぶと以下の内容をマスターできます

☞ エクセルギーの考え方と求め方
☞ エクセルギー損失とエントロピー生成の関係
☞ エクセルギー損失の要因と，損失を抑制するための方策
☞ エネルギー高効率利用の基本的な考え方

4.1 概　　　要

「エネルギーが枯渇する」といった表現がよく用いられる。しかしながら，第一法則から明らかなように孤立系のエネルギーは減少することはない。地球は太陽からエネルギーを受け取って宇宙に放出しているので厳密には孤立系ではないが，その収支が釣り合うようにほぼ定常に保たれているので，勝手に地球上のエネルギーの量が減ることはないはずである。われわれは，無意識のうちに人間にとって便利で使いやすい価値のあるエネルギーを指して，冒頭のような表現を使っていることになる。ここで，価値のあるエネルギーとは，われわれが仕事として使えるエネルギーのことであり，このことを定量的に表現するために導入されたのが**エクセルギー**（exergy）である。

エクセルギーとは，標準周囲状態の環境と，力学的，熱的，化学的に非平衡にある系が，可逆過程によって平衡に達するまでに発生する仕事の理論上の最大値のことである。エネルギーとは違い，エクセルギーは減少し，やがて環境と平衡になればゼロになって失われてしまう。エネルギー問題とは，標準周囲環境で生活しているわれわれが，どれだけエクセルギーを安全に，安定して，経済的に，環境に優しく使えるのか，ということに尽きる。なお，エクセルギーは標準周囲との相対値なので，厳密にいえば状態量ではないが，地球上で生活するわれわれにとって，上記の標準周囲状態はどこにいても該当すると考えてよいので，実用上は状態量と同じように用いられることも多い。

まず，**標準周囲状態**（standard state of surroundings）を以下のように定める。

温　　度：$T^\circ = 298.15\ \mathrm{K}$　（25℃）

圧　　力[†]：$p^\circ = 1\ \mathrm{atm}$　（101.325 kPa，1.013 25 bar）

大気組成：$p_{N_2} = 76.57\ \mathrm{kPa}$，　$p_{O_2} = 20.61\ \mathrm{kPa}$，　$p_{H_2O} = 3.20\ \mathrm{kPa}$，
$p_{CO_2} = 0.03\ \mathrm{kPa}$，　$p_{Ar} = 0.91\ \mathrm{kPa}$

標準周囲と非平衡な系を考える。われわれは標準周囲状態にある外界にいて，

† エクセルギーの標準状態としては，慣例的に 1 bar ではなく 1 atm が用いられることが多い。

対象とする非平衡な系から可能なかぎりのことを尽くして仕事を取り出すことを考える。つまり，**図 4.1** に示すように，エクセルギーを考えるときは付加的に仕事を取り出すための理想的（可逆）な装置をどこかから持って来て使ってよい。例えば，系の圧力が大気圧よりも高ければ可逆的なピストンやタービンをどこかから持って来て膨張仕事（または工業仕事）を取り出す。ギブス自由エネルギーが標準周囲よりも高ければ，可逆的な電池を持って来て非膨張仕事を取り出し，さらに温度が 25℃よりも高ければ可逆的な熱機関を用いて環境温度 25℃で放熱しながら工業仕事（または膨張仕事）を取り出す。このように，エクセルギーを考えるときは，可逆的な膨張機（ピストンやタービン），電池，熱機関などをどこかから持って来て使ってよいという前提で，系から可逆的に取り出せる仕事の理論的な最大値を考えるのである。

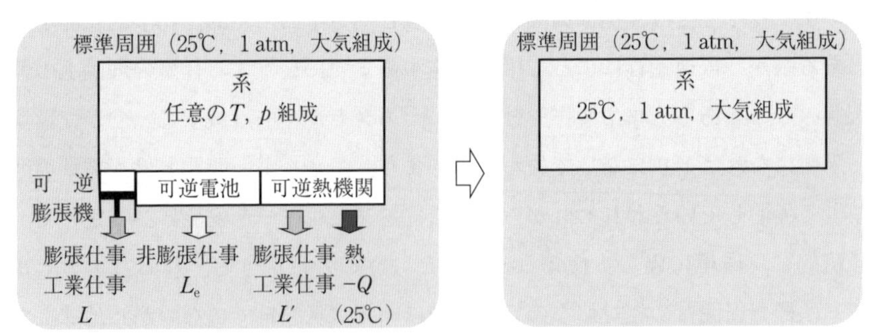

どこかから，理想的（可逆）な膨張機，電池，熱機関を持って来て使ってよい。1 atm まで膨張機で可逆的に膨張させて膨張仕事（または工業仕事）L を取り出し，また可逆電池で非膨張仕事 L_e を取り出す。そして可逆熱機関で膨張仕事（または工業仕事）L'をさらに取り出して 25℃で熱を捨てる

図 4.1　エクセルギーの考え方

4.2　エクセルギーとギブス自由エネルギー

2 章で解説したように，定温定圧プロセスにおいて最大非膨張仕事を与えるのはギブス自由エネルギーである。最大仕事を与えるという意味で，エクセルギーとギブス自由エネルギーは混同されることもある。両者の基本的な考え方

は同じであるが，その違いは，プロセスと平衡状態の制約にある。

エクセルギーは，状態量ではない。ただし，地球に生きているという前提に立って，実質的に状態量とほぼ同じように扱うこともある。また，可逆変化であれば，変化のプロセスは問わない。そして，標準周囲（25℃，1 atm，大気組成）と平衡に至るまでに得られる最大仕事と定義される。

一方，ギブス自由エネルギーは状態量であり，これが系から取り出せる最大非膨張仕事となるのは，定温定圧プロセスである。また，定温定圧という条件は，任意の温度と圧力で定義され，最終的な平衡状態の制約はない。

4.3　エクセルギー率 100%のエネルギー

理想的な効率 100%のモータがあれば，電気は 100%仕事に変換可能である。エクセルギーとは，理想的な装置を用いて得られる最大仕事のことであるから，電気のエクセルギー率は 100%である。つまり，電気とエクセルギーは等価である。例えば，火力発電所の発電効率は，化学燃料の酸化反応のエンタルピー変化を，どれだけエクセルギーに変換できたかを表す。

また，運動エネルギーや位置エネルギーなどの力学的エネルギーも，理想的な装置（例えば，効率 100%のタービン，水車，風車など）があれば 100%仕事に変換できるので，電気と同様にエクセルギーと等価（エクセルギー率 100%）である。

4.4　温度が一定の熱源のエクセルギー

熱源の温度が一定の場合，その熱源と標準周囲との間で**カルノーサイクル**（Carnot cycle）を動かしたときの仕事がエクセルギーとなる。

まず，熱源温度 T_{H} が標準周囲温度 T°よりも高い場合を考える（$T_{\mathrm{H}} > T^{\circ}$）。高温熱源が放熱したときのエントロピー減少を $|\Delta S|$ とすると，**図 4.2**(a) に示すように，カルノーサイクルが，高温熱源から受け取る熱量と標準周囲へ放出

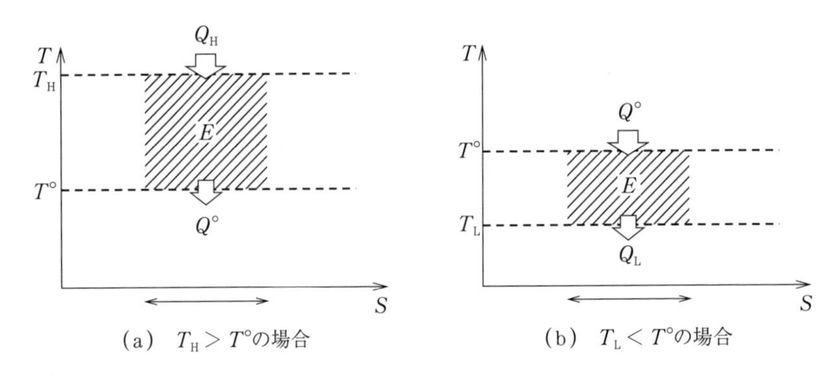

(a)　$T_H > T^\circ$の場合　　(b)　$T_L < T^\circ$の場合

図4.2　温度が一定の熱源のエクセルギー

する熱量は，それぞれ $Q_H = T_H|\Delta S|$（>0）および $Q^\circ = T^\circ|\Delta S|$（$>0$）となる。したがって，カルノーサイクルの仕事，すなわち高温熱源が放熱する熱のエクセルギーは以下のようになる。

$$E = Q_H - Q^\circ = Q_H - T^\circ|\Delta S| = Q_H\left(1 - \frac{T^\circ}{T_H}\right) \tag{4.1}$$

一方，熱源温度 T_L が環境温度 T°よりも低い場合（$T_L < T^\circ$）は，図(b)のように，カルノーサイクルは標準周囲から $Q^\circ = T^\circ|\Delta S|$（$>0$）の熱を受けて，低温熱源に $Q_L = T_L|\Delta S|$（>0）だけ放熱する。この場合は，低温熱源は熱を受け取った分だけエントロピーが増加し，受熱する能力が低下するため，その分エクセルギーは減少する。このエクセルギー減少量 $-E$（>0）は，以下のように表される。

$$-E = Q^\circ - Q_L = -(Q_L - T^\circ|\Delta S|) = -Q_L\left(1 - \frac{T^\circ}{T_L}\right) \tag{4.2}$$

逆向きのサイクルを考え，例えば冷凍機などを用いて低温熱源を冷却した(低温熱源のエントロピーを減少させた）とき，低温熱源のエクセルギー増加量 E（>0）は

$$E = T^\circ|\Delta S| - Q_L = Q_L\left(\frac{T^\circ}{T_L} - 1\right) \tag{4.3}$$

となる。

4.5　閉じた系のエクセルギー

閉じた系とは，外界と熱と仕事のやり取りはあるが，物質の出入りはない系のことである。例えば，エンジンのシリンダー内にバルブが閉じられた状態で閉じ込められたガスなどが相当する。第一法則と第二法則は，それぞれ

$$Q - L = \Delta U + p^{\circ}\Delta V \tag{4.4}$$

$$\Delta S = \frac{Q}{T^{\circ}} + P_s \qquad (P_s \geqq 0) \tag{4.5}$$

となる。ここで，仕事のうち周囲圧力 p° に抗（あらが）って大気を押す仕事（$p^{\circ}\Delta V$）については，われわれはこれを仕事として利用できないため，式(4.4)左辺のわれわれが利用できる仕事 L とは分けて考える。また，周囲との熱交換は標準周囲温度 $T^{\circ} = 25$℃と温度差ゼロで理想的に行われるものとし，4.7節で解説する熱交換温度差に伴うエントロピー生成はすべて P_s に含めて考える。

この場合，われわれの利用できる仕事 L は

$$L = -\Delta U + T^{\circ}\Delta S - p^{\circ}\Delta V - T^{\circ}\cdot P_s \tag{4.6}$$

と書ける。可逆プロセス（$P_s = 0$）の場合に最大仕事が得られるので，閉じた系のエクセルギー E は

$$\begin{aligned} E &= -\Delta U + T^{\circ}\Delta S - p^{\circ}\Delta V \\ &= (U - U^{\circ}) - T^{\circ}(S - S^{\circ}) + p^{\circ}(V - V^{\circ}) \end{aligned} \tag{4.7}$$

となる。単位質量（あるいは単位モル数）当りで定義される比エクセルギー e は，以下のように表される。

$$e = (u - u^{\circ}) - T^{\circ}(s - s^{\circ}) + p^{\circ}(v - v^{\circ}) \tag{4.8}$$

4.6　定常流動系のエクセルギー

開いた系とは，熱や仕事のやり取りに加え，外界と物質の出入りもある系である。定常流動系は，開いた系のうち，検査体積や流入・流出量が時間的に一定の系である。例えば，タービンやコンプレッサーなどの流体機械や熱交換器

などがその代表例である。定常流動系の第一法則と第二法則は，以下のように表される。

$$Q - L_t = \Delta H \tag{4.9}$$

$$\Delta S = \frac{Q}{T^\circ} + P_s \qquad (P_s \geqq 0) \tag{4.10}$$

なお，式(4.4)や式(4.9)では力学的エネルギー（運動エネルギーや位置エネルギー）および非膨張仕事（電気仕事）を陽に記述しなかったが，運動エネルギー，位置エネルギー，電気仕事は，4.2節，4.3節で記したように理想的な水車，タービン，電池などを使えば仕事に100％変換可能なので，ここでは仕事LやL_tに含めて考える。

定常流動系では，周囲圧力に抗って行う仕事$p^\circ \Delta V$は流動仕事の中に含まれているので，前節の閉じた系の場合のように$p^\circ \Delta V$を陽に記述する必要はない（だからこそエンタルピーが便利なのである）。得られる工業仕事L_tは

$$L_t = -\Delta H + T^\circ \Delta S - T^\circ \cdot P_s \tag{4.11}$$

となる。最大仕事であるエクセルギーは$P_s = 0$の場合に与えられる。

$$E = -\Delta H + T^\circ \Delta S = (H - H^\circ) - T^\circ (S - S^\circ) \tag{4.12}$$

単位質量当りのエクセルギーである比エクセルギーeは，以下のように表される。

$$e = (h - h^\circ) - T^\circ (s - s^\circ) \tag{4.13}$$

図4.3に，定常流動系のエクセルギーを示す。状態1，2，3は同じ温度だが異なるエントロピー（圧力）にあり，それぞれの状態を通る線は圧力一定の線である。例えば図(c)のように，状態1（$p = 1$ atm）から標準周囲状態まで圧力一定で変化する場合は，損失のない場合の工業仕事である$-\int v\mathrm{d}p$から明らかなように，系から工業仕事を取り出すことはできず，直接取り出せるのは熱$-Q = -\int T\mathrm{d}S = H_1 - H^\circ$だけである。しかしながら，この場合でもどこかから理想的な熱機関を持って来て利用すれば，この熱を熱源として仕事を得ることができる。ただし，どんなに理想的な熱機関を用いたとしても，$T^\circ (S_1 - S^\circ)$に相当する量は周囲環境に温度T°で熱として放出する必要があり，得られる

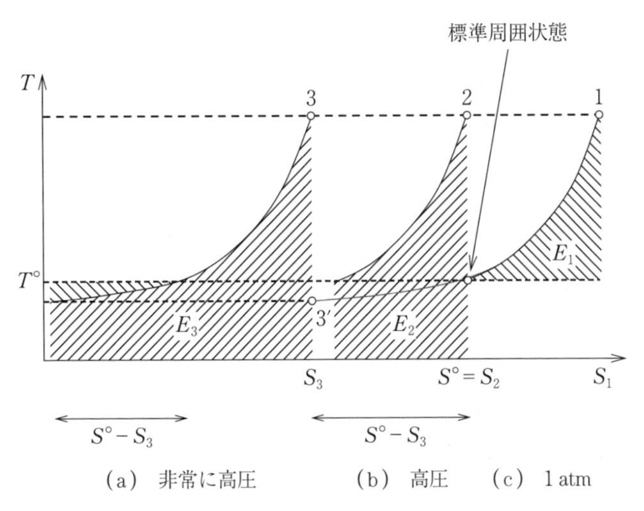

図 4.3 定常流動系のエクセルギー

最大の仕事は，この理想的な熱機関が受け取る熱量 $H_1 - H^\circ$ と，この熱機関が環境に温度 T° で捨てる熱量 $T^\circ(S_1 - S^\circ)$ の差となる。つまり，1 atm の状態 1 の流体のエクセルギーは，図 (c) の斜線部 $E_1 = (H_1 - H^\circ) - T^\circ(S_1 - S^\circ)$ の面積で表される。

比熱一定の理想気体では，圧力が高くなると T–S 線図上の定圧線は左に平行移動する。図 4.3 の状態 2 のように，初期状態が標準周囲状態と等しいエントロピーの状態 S_2 であれば，状態 2 から標準周囲圧力まで可逆断熱膨張させることでエンタルピー差（$H_2 - H^\circ$）をすべて工業仕事として取り出すことができる。一方，このエンタルピー差を工業仕事としてではなく，すべて熱として取り出すことも可能である。仮に，このエンタルピー差を圧力一定ですべて熱として放出した場合を考えてみると，その面積は図 (b) の斜線部 E_2 となる。エンタルピー差をすべて工業仕事として取り出しても，熱として取り出したとしても，両者は同じ量であるから，状態 2 の流体のもつエクセルギーは図 4.2 (b) の斜線部 $E_2 = H_2 - H^\circ$ の面積と等しい。

つづいて，さらに高圧になった場合を考えてみよう。例えば，エントロピーが S_3 の状態 3 から 1 atm まで可逆断熱膨張させると状態 3′ に至る。このとき得られる工業仕事を，もしこれを可逆的にすべて熱で取り出したらと考えると，図(a)の状態3を通る定圧線より下方の面積が工業仕事の量に相当する。ここで，状態3′は，周囲温度よりも低温の状態なので，標準周囲と平衡ではない。つまり，状態3′の流体からは理想的な熱機関を用いてさらに仕事を取り出すことができる。この場合は，標準周囲から温度 T° で熱を受け取り，この低温の流体に熱を放出する熱機関となる。最終的に，この低温流体が標準周囲温度に至るまでの仕事が得られるが，その熱機関で回収できる仕事が，環境温度 T° の線の下側と状態3を通る定圧線の上側で囲まれる略三角形の領域に相当する。最終的に，図(a)の斜線部 $E_3=(H_3-H^\circ)-T^\circ(S_3-S^\circ)$ の面積が状態3の流体のエクセルギーに相当する。このように，図(a),(b),(c)のいずれの場合も式(4.12)が成り立つことがわかる。T–S 線図の状態は左側にあるほどエクセルギーが大きく，価値が高い。

熱はそのすべてを仕事に変換することはできないが，仕事はすべて熱に変換することができる。したがって，「もし仕事ではなく，仮にすべて熱として取り出したら」という状況を考えることで，仕事に相当する面積を T–S 線図上に熱として間接的に描くことができる。エクセルギーはもちろん仕事であるが，図4.3のように T–S 線図で熱に置き換えて描いてみると非常にわかりやすい。T–S 線図は，エントロピーの定義 $\mathrm{d}S\equiv\delta Q/T$ から，直接的には可逆プロセスにおける熱を描くのに適した図であるが，エクセルギーを考える上でもたいへん便利な図なのである。

定圧で比熱が一定の場合は，$\mathrm{d}h=c_p\mathrm{d}T$，$\mathrm{d}s=c_p(\mathrm{d}T/T)$ なので

$$\mathrm{d}e=-\mathrm{d}h+T^\circ\mathrm{d}s=-c_p\mathrm{d}T+c_pT^\circ\frac{dT}{T} \tag{4.14}$$

となり，これを積分して以下の式を得る。

$$e=c_p(T-T^\circ)+c_pT^\circ\ln\frac{T^\circ}{T} \tag{4.15}$$

これは1 atmで温度 T の単位質量の流体が，圧力変化することなく周囲と平衡になる場合の工業仕事（比エクセルギー，specific exergy）である。$T>T^\circ$ の

場合，式 (4.15) からわかるように，この比エクセルギーは比エンタルピー変化（右辺第一項）よりも右辺第二項の分だけ少ない（$T > T^{\circ}$ では，右辺第二項は負である）。

図 4.4 に，1 atm の流体の温度に対するエクセルギー率（= エクセルギー/ エンタルピー変化）を示す。次節で化学燃料のエクセルギー率は 100% に近いことを示すが，燃料を燃焼してその反応熱（エンタルピー変化）を流体に与えると，右辺第二項の分だけエクセルギーは失われてしまう。人類が技術的に扱うことのできる温度は高々 2 000℃ 程度である。2 000℃ というと大変高温に感じるかもしれないが，図を見ると明らかなように，熱力学的にはエクセルギーを約 3 割も失った価値の低い状態である。エクセルギーの観点からは，温度を安易に下げるというのは非常に損失が大きい行為なのである。

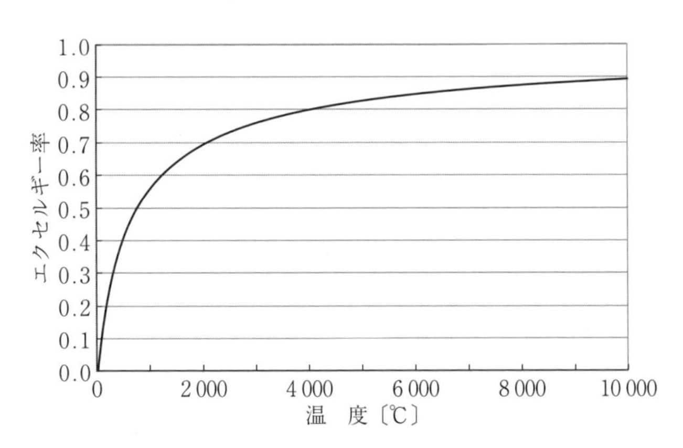

図 4.4　1 atm の流体の温度に対するエクセルギー率

例題4.1

1 気圧において，25℃ の水を 40℃ まで加熱し，お風呂に 300 リットル給湯した。ガス湯沸し器で加熱した場合の加熱量，および損失のない理想的なヒートポンプ給湯器で加熱した場合に必要な仕事量を，それぞれ求めよ。ただし，水の密度と比熱は，$\rho = 1\,000\ \mathrm{kg/m^3}$，$c_p = 4.2\ \mathrm{kJ/(kg \cdot K)}$ とする。

解答

ガス湯沸し器で加熱した場合の加熱量は

$$Q = mc_p(T - T^\circ)$$
$$= \frac{300\ l}{1\ 000\ l/\mathrm{m}^3} \times 1\ 000\ \mathrm{kg/m^3} \times 4.2\ \mathrm{kJ/(kg \cdot K)} \times (40 - 25) = 18\ 900\ \mathrm{kJ}$$

一方，理想的なヒートポンプで加熱する場合の仕事は，25℃から加熱するので40℃のお湯のエクセルギーに等しい。300リットルのお湯のエクセルギーは

$$E = mc_p(T - T^\circ) + mc_pT^\circ \ln\frac{T^\circ}{T}$$
$$= 18\ 900 + 300 \times 4.2 \times 298.15 \times \ln\frac{298.15}{313.15} = 18\ 900 - 18\ 440$$
$$= 460\ \mathrm{kJ}$$

なので，25℃の水300リットルを40℃まで加熱するのに必要な仕事は，たったの460 kJである。これは，ガス湯沸し器による加熱量の約2.4%である。

■

4.7　燃料のエクセルギー

燃料は，標準周囲と力学的・熱的に平衡であっても，化学的には非平衡である。例えば，燃料に点火して若干の活性化エネルギーを加えれば，燃焼して大量の化学エネルギーを熱として放出する。熱機関では，この熱を作動流体に与え，その流体のエクセルギーを仕事に変えている。このとき，熱を温度の低い流体に伝えた時点で図4.4に示したようなエクセルギーの損失は避けられない。一方，可逆な電池を用いれば，エクセルギー損失なしに電気仕事（非膨張仕事）と熱を得ることが可能である。以下，化学燃料のエクセルギーを求めてみよう。

ここで，周囲温度T°と同じ温度の化学燃料を酸化反応させた場合のエクセルギーを考える。**図4.5**のように，分圧$p_{O_2} = 20.61\ \mathrm{kPa}$の酸素を標準圧力$p^\circ$まで昇圧し，燃料（活量$a = 1$とする）とともに反応室に供給する。反応室に

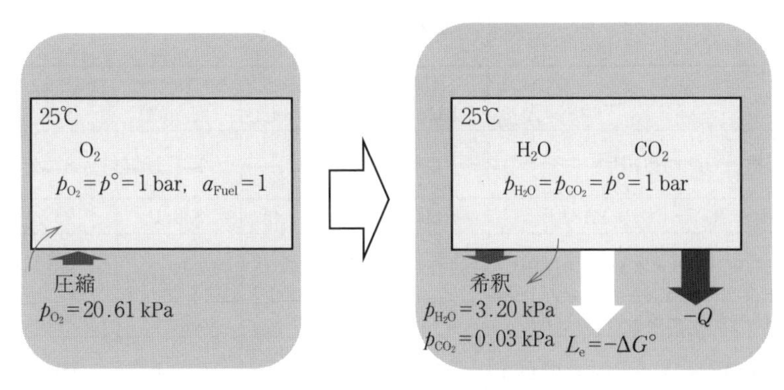

図 4.5　燃料のエクセルギー

おいて温度 T°で最大非膨張仕事を取り出した後，生成物を反応室から流出させ，標準圧力 p°から大気組成の分圧まで希釈させる。反応室ではすべての成分の活量を 1 としているので，反応室での化学反応から得られる最大非膨張仕事は，標準周囲温度 T°での標準ギブス自由エネルギーの減少量 $-\Delta G^\circ$ と等しい。一方，酸素や燃焼生成物 i は，標準周囲における分圧においてエクセルギーがゼロとなるように定義されるので，その圧力変化の補正を行う必要がある。最終的に，燃料のエクセルギー E_f は

$$\begin{aligned} E_f &= -\Delta G^\circ(p^\circ, T^\circ) - n_{O_2}R_0T^\circ \ln\frac{p^\circ}{p_{O_2}} + R_0T^\circ\sum n_i \ln\frac{p^\circ}{p_i} \\ &\approx -\Delta G^\circ(p^\circ, T^\circ) \end{aligned} \tag{4.16}$$

と表される（ギブス自由エネルギーの圧力依存性については 3.3 節を参照）。ここで，酸素と反応生成物は理想気体と近似した。

多くの場合，上式の右辺第二項と第三項は第一項に比べて小さく，燃料のエクセルギーは 25℃の標準ギブス自由エネルギー変化（に負号を付けたもの）に近い値となる。**表 4.1** に，各種燃料の比エクセルギーを示す（この場合は 1 モル当り）。なお，標準状態は 1 bar = 10^5 Pa = 0.987 atm であるが，エクセルギーは 1 atm = 1.013 bar で定義されている。差が小さいので（$R_0T^\circ \ln(1.013/1.000) = 0.032$ kJ/mol），この表では ΔH° と ΔG° は 1 bar の値を示してある。いずれにせよ，燃料のエクセルギー率（$e/-\Delta H^\circ$）は非常に高いことがわかる。水素

表4.1　燃料のエクセルギー

	ΔH°〔kJ/mol〕	ΔG°〔kJ/mol〕	e〔kJ/mol〕	$e/-\Delta H^\circ$〔%〕
$H_2 + \frac{1}{2}O_2 \rightarrow H_2O(l)$	−285.8	−237.1	235.1	82.3
$CH_4 + 2O_2 \rightarrow CO_2 + 2H_2O(l)$	−890.3	−817.9	830.1	93.2
$C_2H_6 + \frac{7}{2}O_2 \rightarrow 2CO_2 + 3H_2O(l)$	−1 560	−1 467	1 493	95.7
$C_3H_8 + 5O_2 \rightarrow 3CO_2 + 4H_2O(l)$	−2 220	−2 108	2 149	96.8
$CH_3OH + \frac{3}{2}O_2 \rightarrow CO_2 + 2H_2O(l)$	−726.4	−701.9	716.1	98.5

だけが例外的に小さいが（それでも80%以上），これは水素の酸化反応ではモル数が減少するので，分子のランダムな運動エネルギーを熱として放出せざるを得ないためである（エントロピーが減少する反応）。図4.4と合わせて考えると，燃焼によっていかに多くのエクセルギーが失われているかが理解できると思う。もし1万℃以上の高温で燃焼させることができれば，たとえ燃料を燃やして熱にしたとしてもエクセルギー損失の発生をほぼゼロとすることができるが，そのような技術は残念ながら人類はまだ手にしていない。

4.8　熱交換のエクセルギー損失

熱交換（heat exchange）は，ある流体からある流体へ熱を受け渡すプロセスである。放熱ロスがなければエネルギーの損失はないが，実際は燃焼と同様に非常に大きなエクセルギー損失が発生している。

まず，熱交換器全体を取り囲む検査体積をとり，定常流動系として考える。なお熱交換プロセスは，熱力学的にはほぼ定圧とみなせることが多い。放熱ロスが無視できる場合，単位時間当りに高温の流体が失う熱量と低温の流体が得る熱量は等しくなるので，次式が得られる。

$$\dot{m}_c c_{pc}(T_{c,\mathrm{in}} - T_{c,\mathrm{out}}) + \dot{m}_h c_{ph}(T_{h,\mathrm{in}} - T_{h,\mathrm{out}}) = 0 \qquad (4.17)$$

ここで，$\dot{m}$ は質量流量であり，添字のcは低温流体を，hは高温流体を表す。

また，in および out はそれぞれの流体の入口および出口を表す。

つぎに，熱交換器を高温側と低温側のそれぞれに分けて考えると，高温側の流体は熱交換器を通過すると温度が低下するので，入口で有していたエクセルギーよりも少ないエクセルギーの状態となって出口から流出する。低温側はその逆である。それぞれの系における単位時間当りのエクセルギー減少量は，それぞれの流体が入口で保有していたエクセルギーから出口でのエクセルギーを減じた量であるから，式 (4.15) を用いて

$$\Delta E_{\mathrm{h}} = \dot{m}_{\mathrm{h}} c_{ph} \left(T_{\mathrm{h,\,in}} - T_{\mathrm{h,\,out}} + T^{\circ} \ln \frac{T_{\mathrm{h,\,out}}}{T_{\mathrm{h,\,in}}} \right) \quad \text{（高温側）} \tag{4.18}$$

$$\Delta E_{\mathrm{c}} = \dot{m}_{\mathrm{c}} c_{pc} \left(T_{\mathrm{c,\,in}} - T_{\mathrm{c,\,out}} + T^{\circ} \ln \frac{T_{\mathrm{c,\,out}}}{T_{\mathrm{c,\,in}}} \right) \quad \text{（低温側）} \tag{4.19}$$

となる。なお，ΔE_{h} と ΔE_{c} は減少量であり，減少したときに正，増加したときに負になるように定義してある。また，式 (4.15) は 1 atm の場合のエクセルギーであると 4.5 節で説明したが，式 (4.18) と式 (4.19) のように出入口での差を考える場合においては，出入口で圧力が同じであればエクセルギーの圧力依存性は相殺するので，たとえ 1 atm でなくても式 (4.15) の関係を用いてよい。

温度の高低から明らかなように，高温流体のエクセルギーは減少し（$\Delta E_{\mathrm{h}} > 0$），低温流体のエクセルギーは増加する（$\Delta E_{\mathrm{c}} < 0$）。放熱ロスがなければ高温流体の失うエンタルピーと低温流体が受け取るエンタルピーは等しいので，両流体を合わせた熱交換器全体のエンタルピー変化はゼロである。しかしながら，高温側と低温側を合わせた熱交換器全体のエクセルギー変化はゼロとはならない。この高温側と低温側を合わせた熱交換器全体における単位時間当りのエクセルギー減少量は，次式のようになる。

$$\begin{aligned} E_{\mathrm{Loss}} &= \Delta E_{\mathrm{h}} + \Delta E_{\mathrm{c}} \\ &= \dot{m}_{\mathrm{h}} c_{ph} (T_{\mathrm{h,\,in}} - T_{\mathrm{h,\,out}}) + \dot{m}_{\mathrm{c}} c_{pc} (T_{\mathrm{c,\,in}} - T_{\mathrm{c,\,out}}) \\ &\quad + \dot{m}_{\mathrm{h}} c_{ph} T^{\circ} \ln \frac{T_{\mathrm{h,\,out}}}{T_{\mathrm{h,\,in}}} + \dot{m}_{\mathrm{c}} c_{pc} T^{\circ} \ln \frac{T_{\mathrm{c,\,out}}}{T_{\mathrm{c,\,in}}} \\ &= \dot{m}_{\mathrm{h}} c_{ph} T^{\circ} \ln \frac{T_{\mathrm{h,\,out}}}{T_{\mathrm{h,\,in}}} + \dot{m}_{\mathrm{c}} c_{pc} T^{\circ} \ln \frac{T_{\mathrm{c,\,out}}}{T_{\mathrm{c,\,in}}} = T^{\circ} \cdot P_s \geqq 0 \end{aligned} \tag{4.20}$$

ここで

$$P_s = \dot{m}_h c_{ph} \ln \frac{T_{h,\mathrm{out}}}{T_{h,\mathrm{in}}} + \dot{m}_c c_{pc} \ln \frac{T_{c,\mathrm{out}}}{T_{c,\mathrm{in}}} \tag{4.21}$$

上式から全体のエクセルギー減少はゼロ以上，つまり熱交換の前後で系全体としてエクセルギーが失われていることがわかる。そして，両流体のエントロピー変化の差がエントロピー生成 P_s となっている。

図 4.6 に，熱交換のエクセルギー損失を示す。それぞれの流体はそれぞれの圧力で一定であるが，隔壁で仕切られているので同じ圧力とはかぎらず，任意の圧力でよい。図 (a) の例では，低温流体が高圧，高温流体が定圧となっている。図 (b) は，わかりやすいように高温流体出口と低温流体入口のエントロピーの位置をそろえて描いたものである（図 (b) の横軸はエントロピーの絶対値ではなく，エントロピー差である）。図において，高温流体が失う熱量と低温流体が受け取る熱量は，それぞれの流体の定圧線より下方の面積に相当し，放熱ロスがなければ両者の面積は等しい。一方，高温の流体のエクセルギー減少量と低温の流体のエクセルギー増加量は，それぞれの流体の定圧線と温度 $T = T°$ の線で囲まれる領域の面積である。明らかに高温流体が失ったエクセルギーのほうが，低温流体が受け取ったエクセルギーよりも大きい。熱量

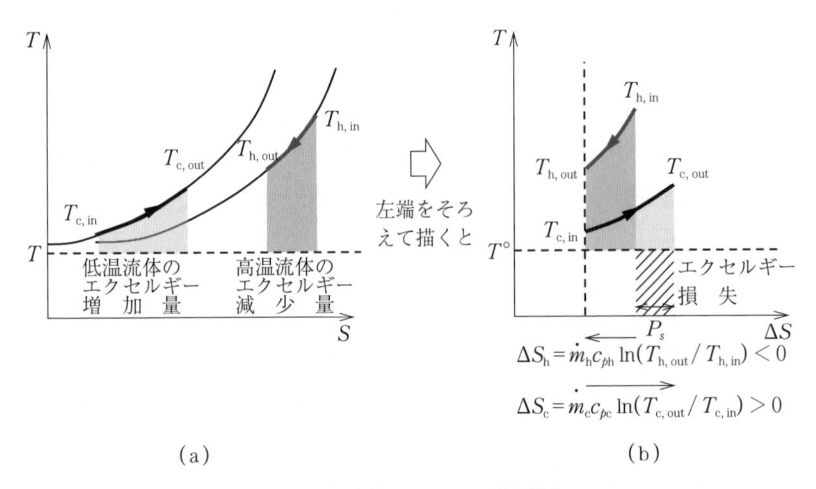

図 4.6　熱交換のエクセルギー損失

とエクセルギーの面積の差し引きから，式 (4.20) のエクセルギー損失は図中の斜線部の面積に相当し，環境温度 T° と両流体のエントロピー生成の差の積 $T^\circ \times P_s$ となる。

このように，エントロピーの生成とエクセルギー損失は直結している。高温側の流体は熱を放出するのでエントロピーが減少し，低温側の流体のエントロピーは増加する。ただし，熱交換には温度差が必要なので両流体の定圧線は必ず上下に離れており，低温流体のエントロピー増加のほうが高温側のエントロピー減少よりも必ず大きくなる。これが熱交換プロセスにおけるエントロピー生成 P_s であり，損失の源である。これは，粘性のない理想流体や乱れのない流れであっても，単に両流体の定圧線が離れていれば（= 温度差があれば）必ず発生する。熱交換した結果，元々の状態に比べて仕事が取り出しにくい質の低い状態に変わってしまったということである。実際の熱交換器では，摩擦や混合などの内部発熱によってもエントロピーが生成されるが，一般に温度差によるエントロピー生成のほうがはるかに大きい。具体的な例として，都市ガスでお湯を沸かすことを考えてみる。

まず都市ガスと空気が反応して約 1 500℃ の排気ガスが発生する。都市ガスの主成分であるメタンのエクセルギー率は表 4.1 に示すとおり約 93% である。ところが，1 500℃ の排ガスのエクセルギー率は図 4.4 から約 64% であり，燃焼させて 1 500℃ のガスにした時点で約 3 割ものエクセルギーが失われてしまう。さらに，この 1 500℃ の排気ガスでエクセルギー率が 2.4% しかない 40℃ のお湯をつくると，そこでさらに 60% を超えるエクセルギーが失われる。熱交換におけるエクセルギー損失がいかに大きいかを実感できると思う。なお，熱交換温度差は熱交換器の設計に強く依存し，設計次第では温度差を小さくすることは可能である。ただし，一般に熱交換温度差を小さくするためには伝熱面積を大きくする必要があるので，熱交換に伴うエクセルギー損失の削減はコストアップとトレードオフの関係にある。

図 4.7 に，熱交換時の流体の流れの向きとエクセルギー損失の関係を示す。簡単のため，両流体が同じ熱容量流量 $\dot{m}c_p$（= 質量流量 × 定圧比熱）の場合で

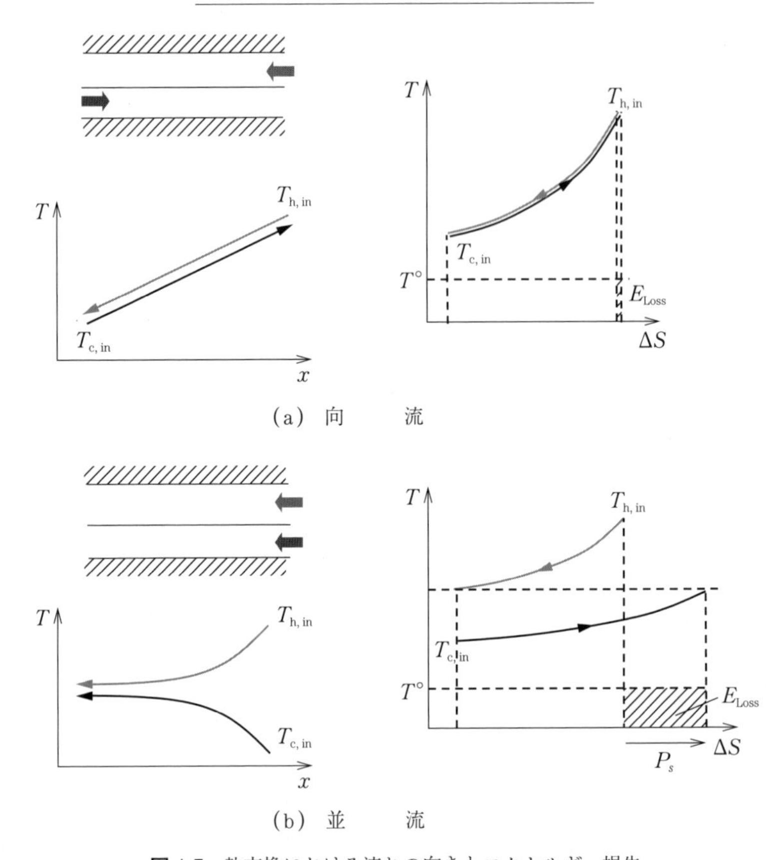

図 4.7　熱交換における流れの向きとエクセルギー損失

考える。図(a)のように，流体を対向して流した場合（**向流**，counter flow）は，温度差が一定の熱交換が可能で，理想的にはエクセルギー損失をゼロに抑えることが可能である（ただし，温度差を小さくしようとすると伝熱面積が非常に大きくなり，コストは膨大になる）。一方，図(b)のように同じ向きに流すと，すなわち**並流**（parallel flow，co–flow）としてしまうと，出口も含めてどの場所でも高温流体の温度が低温流体よりも高くなければ熱交換できないので，理想的な場合でも両流体の出口温度は平均温度にしかならない。結果として並流では非常に大きな温度差で熱交換することとなり，エクセルギー損失も非常に大きなものとなる。このように，熱交換において，流体の流し方はきわめて重要なのである。

例題4.2

同じ流体が隔壁で仕切られ，それぞれ温度 T_{h}〔K〕で質量流量 $\dot{m}_{\mathrm{h}}$〔kg/s〕，温度 T_{c}〔K〕で質量流量 $\dot{m}_{\mathrm{c}}$〔kg/s〕で流れている。これらを混合したときに，単位時間当りのエクセルギー減少量を求めよ。ただし，この流体の定圧比熱を c_p〔J/(kg·K)〕とする。

コーヒーブレイク

温度差も設計する？

機械系の学部教育では，熱力学とともに伝熱工学がほぼ必修の科目となっている。熱力学で平衡論（無限の時間後の姿）を学び，伝熱工学で速度論（時間や面積当りにどれだけ速く伝わるか）について学ぶ。実際の設計では，両者とも重要である。平衡論で理想的な姿を描き，速度論でそれを実現するためのコストを見積もって両者のトレードオフのバランスをとる，というのが設計である。伝熱工学では，熱＝熱伝達率×伝熱面積×温度差という基本式が出てくるが，多くの教科書や講義では，与えられた温度差においてさまざまな流れや流体条件での熱伝達率を求めるというのが，その内容の中心である。ところが，実際の設計において最も重要なのは温度差なのである。実は，温度差は与えられるものではなく，設計者が設計すべきものなのである。温度差は，流れの向きや，流体の流量などによってまったく異なってくる。中でも，図4.7に示したように流れの向きに非常に大きな影響を受け，この設計を間違えてしまうと，どれほど高い熱伝達率の伝熱面を開発しようが，その損失を取り返すことは難しい。

図4.7で，エクセルギー損失を減らすためには向流熱交換器が適していることを示した。ところが，向流熱交換器を実際に設計しようとすると，高温流体の入口（出口）と低温流体の出口（入口）が同じ場所になってしまい，空間的に干渉してしまうという困った問題に直面する。通常，両流体は配管で熱交換器へ導入され排出されるが，同じ場所に配管を二つ配置することはできない。そこで，実際の設計では二つの流体を交差するように熱交換器を構成する場合が多い。これを**直交流**（cross flow）と呼ぶ。直交流にすれば，それぞれの流体の出入口配管（計四つ）を異なる場所で熱交換器に容易に接続することができる。この直交流は向流には若干劣るものの，並流よりはかなり性能を高くすることができる。

解答

混合後の温度を T_{mix} と置くと，エネルギー保存 $\dot{m}_{\mathrm{h}}c_p(T_{\mathrm{h}} - T_{\mathrm{mix}}) + \dot{m}_{\mathrm{c}}c_p(T_{\mathrm{c}} - T_{\mathrm{mix}}) = 0$

から

$$T_{\mathrm{mix}} = \frac{m_{\mathrm{h}}T_{\mathrm{h}} + m_{\mathrm{c}}T_{\mathrm{c}}}{m_{\mathrm{h}} + m_{\mathrm{c}}}$$

である。また，高温流体と低温流体のそれぞれのエクセルギー減少量は，式 (4.18), (4.19) と同様に

$$\Delta E_{\mathrm{h}} = \dot{m}_{\mathrm{h}}c_p\left(T_{\mathrm{h}} - T_{\mathrm{mix}} + T^\circ \ln\frac{T_{\mathrm{mix}}}{T_{\mathrm{h}}}\right) \quad （高温側）$$

$$\Delta E_{\mathrm{c}} = \dot{m}_{\mathrm{c}}c_p\left(T_{\mathrm{c}} - T_{\mathrm{mix}} + T^\circ \ln\frac{T_{\mathrm{mix}}}{T_{\mathrm{c}}}\right) \quad （低温側）$$

と表される。ここで，$\dot{m}_{\mathrm{h}}c_p(T_{\mathrm{h}} - T_{\mathrm{mix}}) + \dot{m}_{\mathrm{c}}c_p(T_{\mathrm{c}} - T_{\mathrm{mix}}) = 0$ であるから

$$\Delta E = \Delta E_{\mathrm{h}} + \Delta E_{\mathrm{c}} = c_pT^\circ\left(\dot{m}_{\mathrm{h}} \ln\frac{T_{\mathrm{mix}}}{T_{\mathrm{h}}} + \dot{m}_{\mathrm{c}} \ln\frac{T_{\mathrm{mix}}}{T_{\mathrm{c}}}\right)$$

である。 エントロピー生成は正 $P_s = c_p\{\dot{m}_{\mathrm{h}} \ln(T_{\mathrm{mix}}/T_{\mathrm{h}}) + \dot{m}_{\mathrm{c}} \ln(T_{\mathrm{mix}}/T_{\mathrm{c}})\} > 0$ であるから，エクセルギー減少量も正，すなわち混合によりエクセルギーは必ず減少する。

■

4.9　タービンとコンプレッサーのエクセルギー損失

図 4.8 に示す状態 1 → 3 の変化は，タービンでの実際の不可逆膨張過程である。可逆断熱膨張したときよりも得られる工業仕事は減少するが，2 章で述べたように，その減少分 Q_{Loss} は p–V 線図においては等エントロピー線 $s = s_1 = s_2$ 上の仮想の状態 3′ と，状態 2 および縦軸とで囲まれる面積となる。一方，T–S 線図においては，Q_{Loss} は定圧線 $p = p_2$ の変化 2 → 3 と横軸とで囲まれる面積に相当する。T–S 線図では，仕事であってもこれをもしすべて可逆的に熱として取り出したらと置き換えることで面積として描くことができるので，p–V 線図よりもはるかに便利である。ところで，この仕事の減少量に相当す

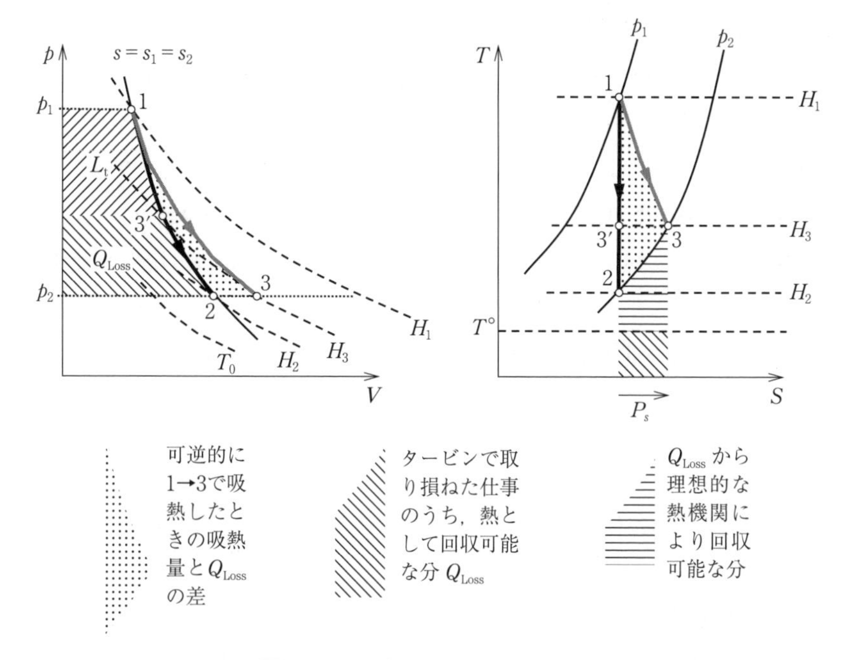

図 4.8 タービンのエクセルギー損失

る Q_{Loss} は取り損ねた仕事という意味では損失ではあるが，エクセルギー損失ではない。なぜなら，状態3から可逆断熱膨張の終点2まで変化させたとき，熱として放出される Q_{Loss} からは，理想的な熱機関があればこれを熱源としてその一部を仕事として回収することができるからである。このとき，どうしても回収することのできない損失（エクセルギー損失）は，Q_{Loss} を入熱として働く熱機関が標準周囲環境へ温度 T°で放熱する熱量となる。つまり，不可逆断熱膨張のエクセルギー損失は

$$E_{\mathrm{Loss}} = T^{\circ} \cdot P_s \tag{4.22}$$

となる。ここで，P_s はタービンでのエントロピー生成量 $S_3 - S_2$ である。タービンの場合も熱交換プロセスと同様に，エクセルギー損失は標準周囲温度とエントロピー生成量の積 $T^{\circ} \times P_s$ で表される。このように，エントロピー生成はエクセルギー損失と同義である。タービンの不可逆性によりエントロピーが生成し，それに伴いエクセルギー損失も生じたということである。

コンプレッサー（圧縮機）のエクセルギー損失も，**図 4.9** に示すように環境温度とエントロピー生成の積 $T^\circ \times P_s$ となる。エントロピーが生成されると，必ずプロセス終了時の状態は T–S 線図で右側にシフトする。そしてそのシフト分がエクセルギー損失に対応する。同じ p_2 という圧力まで昇圧するにも，不可逆な圧縮機の出口は可逆な場合よりも高エンタルピーかつ高エントロピーな状態になってしまい，そのエントロピー生成に相当する分だけ余計に仕事を加える必要がある。余計に加えた仕事の一部は熱として回収できるが，$T^\circ \times P_s$ だけはどうしても環境に熱として捨てなければならない。これがエクセルギー損失となる。

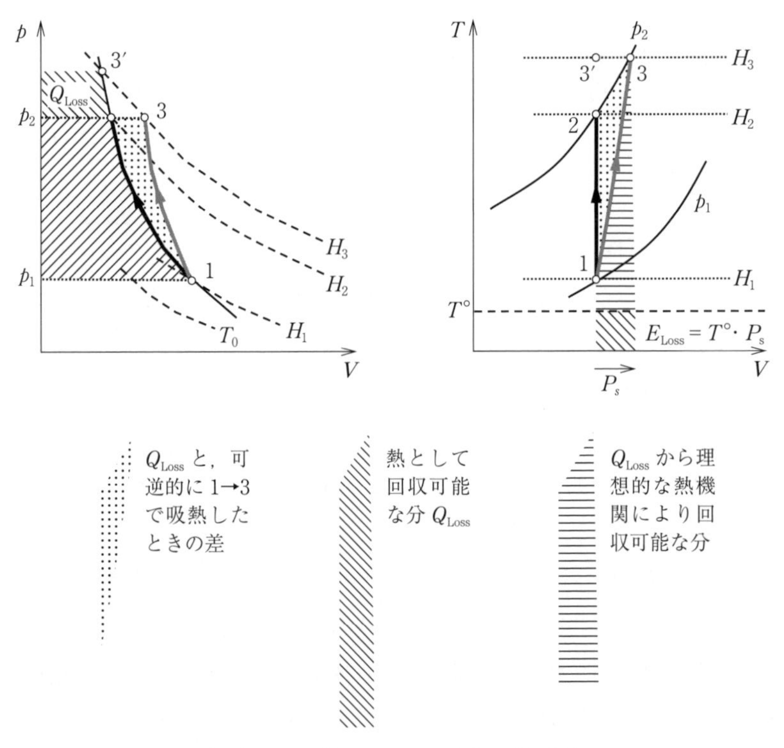

図 4.9　コンプレッサーのエクセルギー損失

例題4.3

定圧比熱 c_p〔J/(kg･K)〕の理想気体を，温度 T_1〔K〕，圧力 p_1〔Pa〕の状態1から，断熱効率 $\eta = 80\%$ のタービンで，圧力 p_2〔Pa〕の状態2まで膨張させた。このとき，単位時間，単位質量当りのエントロピー生成 P_s を求めよ。ここで，比熱比を κ とする。

解答

まず，温度 T_1〔K〕，圧力 p_1〔Pa〕の状態から，同じ圧力 p_2〔Pa〕まで可逆断熱膨張した場合の仮想の状態3を考える。その温度を T_3 とおくと，$T^\kappa/p^{\kappa-1} =$ 一定の関係から

$$T_3 = T_1\left(\frac{p_2}{p_1}\right)^{\frac{\kappa-1}{\kappa}}$$

である。断熱効率80%で膨張した後の温度を T_2 とおくと，理想気体では $\mathrm{d}h = c_p\mathrm{d}T$ なので

$$\eta \equiv \frac{h_1 - h_2}{h_1 - h_3} = \frac{T_1 - T_2}{T_1 - T_3} = 0.8$$

より

$$T_2 = T_1 - 0.8(T_1 - T_3) = T_1\left\{0.2 + 0.8\left(\frac{p_2}{p_1}\right)^{\frac{\kappa-1}{\kappa}}\right\}$$

となる。

ここで，可逆断熱膨張プロセス1→3と，不可逆断熱膨張後に定圧で放熱するプロセス1→2→3という二つのプロセスを比較してみる。それぞれの最初と最後の状態は同じであり，プロセスの前後でエントロピーは変化しないので，状態1から状態2まで不可逆断熱膨張した際のエントロピー生成 P_s は，不可逆断熱膨張後の状態2から，可逆断熱膨張後の仮想の状態3まで，圧力一定で放熱した場合のエントロピー減少量に等しい。圧力一定の理想気体のエントロピー変化は $\mathrm{d}s = c_p\mathrm{d}T/T$ で表されるから，エントロピー生成は

$$P_s = s_2 - s_3 = c_p \ln\frac{T_2}{T_3} = c_p \ln\frac{0.2 + 0.8\left(\dfrac{p_2}{p_1}\right)^{\frac{\kappa-1}{\kappa}}}{\left(\dfrac{p_2}{p_1}\right)^{\frac{\kappa-1}{\kappa}}} = c_p \ln\left\{0.2\left(\frac{p_2}{p_1}\right)^{\frac{1-\kappa}{\kappa}} + 0.8\right\}$$

となる。

4.10 ランキンサイクルとブレイトンサイクルのエクセルギー

ランキンサイクル（Rankine cycle）も**ブレイトンサイクル**（Brayton cycle）も，圧力の異なる二つの定圧における受放熱プロセスを，断熱圧縮プロセスと断熱膨張プロセスで結んだサイクルである。**図4.10**に示すように，T–S 線図上の定圧線は高圧になるほど左に移動する。低圧のときは理想気体の指数関数の線（図(b)右側の線）であるが，圧力が上がるにつれ実在気体の定圧線となり，やがて飽和蒸気線や飽和液線と交わるようになる。さらに圧力が上がると，飽和線とも交わらない超臨界状態となる。温度がそれぞれ T_{h} と T° の熱浴（温度一定の熱源を熱浴と呼ぶ）の間で駆動されるランキンサイクルとブレイトンサイクルを比較すると，ランキンサイクルの作動流体は相変化する際に温度一定で熱交換するため，熱浴と作動流体との間で温度差の小さい熱交換が可能である。また，定圧線が水平に近くなるため，同じ熱浴間温度差で定義されるサイクルの T–S 線図上の横幅が広くなる。このためランキンサイクルでは，タービンやポンプでエントロピーが生成しても，その値は定圧過程で熱を授受する際のエントロピー変化に比べて相対的に小さくなり，温度差の小さい熱浴間であってもタービンやポンプでの損失が相対的に目立たない。一方，ブレイトンサイクルは，定圧線が傾いているため，熱浴間の温度差が小さい場合

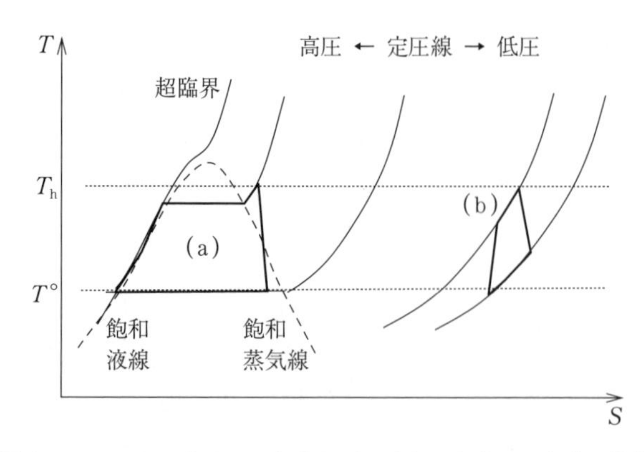

図4.10　ランキンサイクル(a)とブレイトンサイクル(b)の比較

には，サイクルの T–S 線図上での横幅が狭くなる。このため，圧縮機とタービンの不可逆性によるエントロピー生成が，受熱や放熱の際のエントロピー変化と比較して相対的に大きくなってしまう。

ここで思い出してほしいのは，可逆な理想気体のブレイトンサイクルの効率は圧力比と比熱比だけで決まるということである。つまり可逆ブレイトンサイクルの場合，同じ圧力比のまま単に高温化するだけではサイクル効率は上がらない。一方，不可逆なブレイトンサイクルでは，**図 4.11**（a）のように，圧力比を上げ過ぎると圧縮機やタービンのエントロピー生成が相対的に大きくなってしまい，サイクル熱効率はむしろ低下することもある。すなわち，実際のブレイントンサイクルにおいてタービン入口温度を上げる際には，図（b）に示すように圧力比の増加をある程度の範囲に抑え，むしろ T–S 線図上でサイクルの横幅が広がるようにしなければならない。つまり，実際のガスタービンでタービン入口温度を高温化するのは，単に圧力比を高めるためだけではなく，タービンやコンプレッサーでのエントロピー生成を，受放熱によるエントロピー変化に対して相対的に小さなものにするためでもある。

以下に，ブレイトンサイクルとランキンサイクルの特徴をまとめる。ただし，

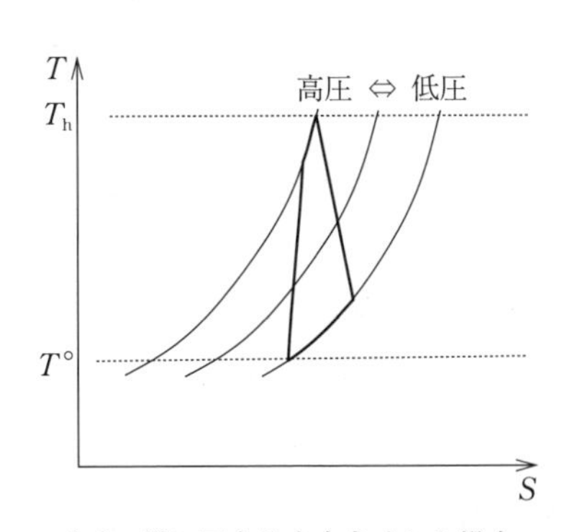

（a） 単に圧力比を大きくした場合

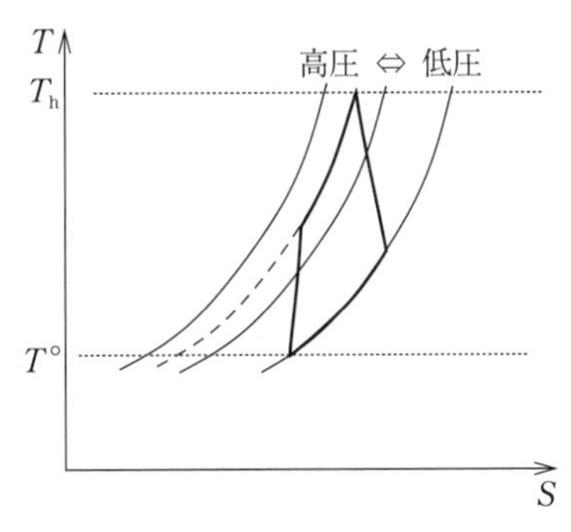

（b） 圧力比を抑えつつタービン入口温度を高温化した場合

熱効率を上げるためには，図（b）のように圧縮機やタービンでのエントロピー生成が相対的に小さくなるように高温化する必要がある

図 4.11 実際のブレイトンサイクル

熱源は熱容量が十分に大きく，その温度が変化しない場合（熱浴）を考える。

ブレイトンサイクル：

- 可逆なブレイトンサイクルの効率は圧力比と比熱比のみで決まる。すなわち，同じ作動流体で圧力比一定のまま，単にタービン入口温度を上げただけではサイクル熱効率は上がらない。
- 不可逆なブレイトンサイクルでは，受放熱量がタービンや圧縮機のエンタルピー落差に比べて相対的に小さい場合（図 4.11 (a) のように T–S 線図上のサイクルが縦長の場合），圧縮機とタービンでのエントロピー生成（エクセルギー損失）が受放熱時のエントロピー変化に対して無視できず，サイクル熱効率が低下することもある。
- 逆に，タービンや圧縮機のエンタルピー落差に比べて受放熱量が相対的に大きくなるように高温化すると（図 4.11 (b) のように T–S 線図上のサイクルの幅を広くした場合），圧縮機とタービンでのエントロピー生成が相対的に小さくなるので，サイクル熱効率は向上する。ただし，熱浴と作動流体間の熱交換時の温度差が大きくなり，熱交換時のエクセルギー損失は増加する。この場合は，後述する再生サイクルや再熱サイクルが有効である。

ランキンサイクル（反時計回りに回せば冷凍サイクル）：

- 作動流体の相変化（T–S 線図上の定圧線が水平）を利用して熱交換するため，熱源間（高温熱浴と低温熱浴の間）の温度差が小さくても T–S 線図上のサイクルの横幅が広く，圧縮機やタービンでのエントロピー生成（エクセルギー損失）の影響が相対的に小さい。
- 相変化（等温変化）を利用するため，例えば海水や大気などの温度が一定に近い熱源と作動流体の間で温度差の小さい（エクセルギー損失の小さい）熱交換が可能。
- 昇圧するのが密度の大きい（= 体積流量の小さい）液相なので，圧縮動力が少ない（圧縮の工業仕事 $= -\int V\mathrm{d}p$）。

ここで，ランキンサイクルであっても，圧縮液と過熱蒸気の加熱プロセスでは作動流体が単相で熱交換するため，そこでは温度一定の熱浴との熱交換温度差によるエクセルギー損失は避けられない。そこで，**図 4.12** のようにタービンから抽気した蒸気を利用して圧縮液を加熱すれば，熱源との温度差が大きい液単相での熱交換を行わずにすむ。これを**再生サイクル**（regenerative cycle）と呼ぶ。抽気した分だけタービンを流れる蒸気流量が減って出力は減少するが，熱交換のエクセルギー損失が減るのでサイクル熱効率は向上する。なお，図中の点線はタービン内の蒸気の熱量を示すためのものであり，実際のタービン内の蒸気の状態を示すものではないことに注意してほしい。同様の理由で**再生ブレイトンサイクル**（regenerative Brayton cycle）も有効である。ただし，圧力比が大きいとタービン出口温度が圧縮機出口温度よりも低くなって熱再生ができなくなるため，圧力比が小さいサイクルで用いられる。

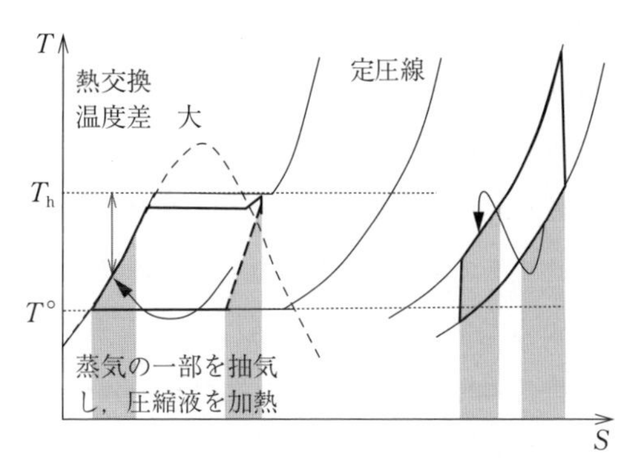

図 4.12　再生サイクル

さらに，過熱蒸気の加熱に際しては，**図 4.13** のように膨張プロセスを複数段に分け，その途中で再加熱することで見かけ上定温変化に近づけ，温度が一定の熱源との熱交換時のエクセルギー損失を低減することができる。これを**再熱サイクル**（reheat cycle）と呼ぶ。ブレイトンサイクルにおいては，圧縮プロセスを複数段に分け，途中で作動流体を冷却して圧縮時の温度変化を抑える**中間冷却**（inter–cooling）も有効である。再熱サイクルと中間冷却を無限に繰り返せば，定圧線と定温線で囲まれる**エリクソンサイクル**（Ericsson cycle）となる。

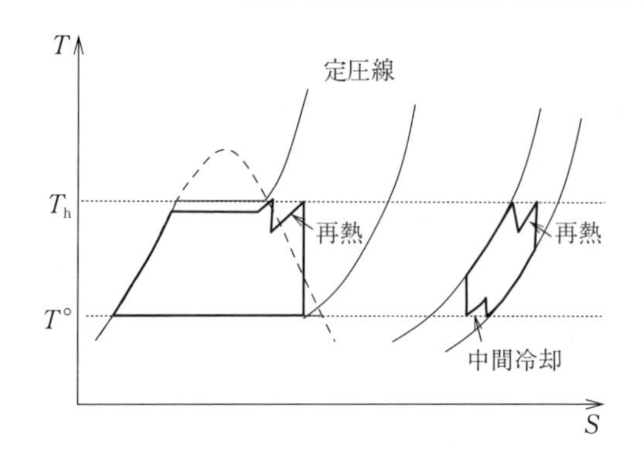

図 4.13　再熱と中間冷却

実際の熱源を考えると，低温側は大気や海水など非常に熱容量の大きな温度一定の熱源（**熱浴**，thermal bath）を利用できるので，ランキンサイクルの一定温度で熱交換するという特徴はたいへんありがたい。一方，高温側の熱源として，例えば排気ガスや温排水などの熱を利用する場合は，その熱は最終的に環境温度まで温度変化するので，温度一定の熱源とはみなせない。このような温度変化する高温熱源の場合には，熱源の温度変化に合わせてサイクル側の作動流体の温度も変化させ，熱交換温度差に伴うエクセルギー損失を抑制することが望ましい。つまりサイクルの高温側において，作動流体は単相の定圧変化に近い温度変化をすることが望ましい。このようなときには，**図 4.14** に示すような**超臨界サイクル**（supercritical cycle）が有効である。

高圧側が臨界圧力よりも高いサイクルを用いると，温度一定の相変化プロセ

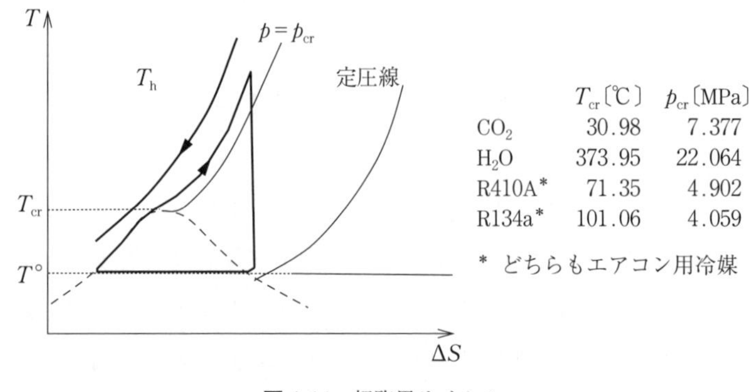

	T_{cr}〔℃〕	p_{cr}〔MPa〕
CO_2	30.98	7.377
H_2O	373.95	22.064
R410A*	71.35	4.902
R134a*	101.06	4.059

* どちらもエアコン用冷媒

図 4.14　超臨界サイクル

スがなくなるので，作動流体と熱源との間で温度差の小さい熱交換が可能となり，排熱などのもつエクセルギーを理想に近い形で回収することができる。このことは T–S 線図上を反時計回りする冷凍サイクルの場合にも当てはまる。例えば，家庭用ヒートポンプ給湯器では，冷媒に高圧側が超臨界となる CO_2 を用いており，小さいエクセルギー損失で温水をつくることができる。また，**図 4.15** に示すように，作動流体を相変化させずに加熱し，液相の状態で膨張機に導入して二相膨張させる**トリラテラルサイクル**（trilateral cycle，variable phase cycle）も超臨界サイクルと同様の効果がある。

さらには，**図 4.16** に示すように沸点の異なる作動流体を混ぜて，蒸発温度や凝縮温度が濃度によって変わることを利用することで，熱源の温度変化とマッチしたサイクルを組むことができる。このようなサイクルは，**ローレンツサイクル**（Lorenz cycle）と呼ばれる。発電の場合は，水とアンモニアを混合した作動流体を用いる**カリーナサイクル**（Kalina cycle）が有名である。

コーヒーブレイク

内燃機関と外燃機関

ガソリンエンジン，ディーゼルエンジン，ガスタービンなどの**内燃機関**（internal combustion engine）は，シリンダーや燃焼器の中で燃料を燃焼させて作動ガスを昇温するので，非常にコンパクトでありながら，大きな出力を得ることができる。オットーサイクル，ディーゼルサイクル，ブレイトンサイクルは，これらの基本サイクルとして教科書に載っている。一方，**外燃機関**（external combustion engine）では熱を外部から作動流体へ熱交換して伝える必要がある。ここで，オットーサイクル，ディーゼルサイクル，ブレイトンサイクルは，いずれも外燃機関としても実現することが可能である。ただし，外燃機関にすると，熱伝導率が非常に小さく，熱伝達率が低いガスに熱交換で熱を伝える必要がある。このため，ガスサイクルの外燃機関は非常に大きな伝熱面積が必要となり，熱機関として大きな出力を得るのが難しく，また非常に大型で高コストになりやすい。蒸気サイクルの場合は，火力発電所のボイラーのように，作動流体側が気液二相の相変化伝熱であったり，燃焼ガスと水との温度差が大きくなったりするので，コンパクトな設計が可能である。

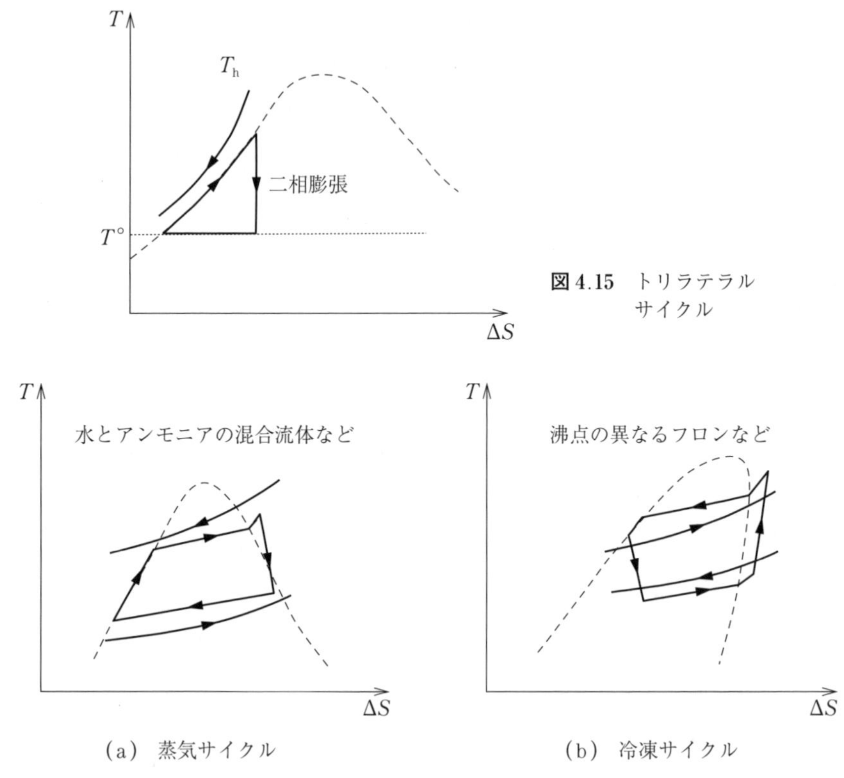

図 4.15　トリラテラルサイクル

（a）蒸気サイクル　　（b）冷凍サイクル

図 4.16　沸点の異なる作動流体を用いたサイクル（ローレンツサイクル）

4.11　冷凍サイクルのエクセルギー

p–V 線図や T–S 線図においてサイクルを反時計回りに動作させると，仕事を与えることで吸熱や発熱する**冷凍機**（refrigerator）や**ヒートポンプ**（heat pump）を実現することができる。逆ブレイトンサイクルなどのガスサイクルによっても冷凍機やヒートポンプを実現することができるが，室内や庫内から熱を組み上げて環境に放出する場合など，一般に冷凍空調をはじめとする多くの熱需要では，熱源の熱容量が大きく（熱源の温度変化が小さく），かつ熱源間の温度差が比較的小さいことが多いので，相変化を利用した**冷凍サイクル**

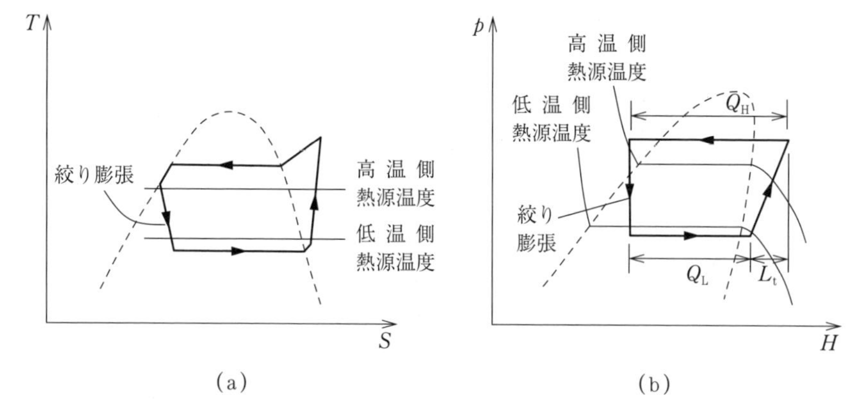

図 4.17　冷凍サイクル

（refrigeration cycle）が多く用いられている。**図 4.17** に，冷凍サイクルの T-S 線図（図 (a)）および p–H 線図（図 (b)）を示す。

低温で低圧の蒸発器において低温側の熱源から吸熱し，高温で高圧の凝縮器で高温側の熱源へ放熱する。吸熱量を Q_L，放熱量を Q_H とすると，図 (b) に示すように圧縮機の工業仕事は $L_t = Q_H - Q_L$ である。冷房や冷凍など冷却を目的とした場合の**成績係数**（coefficient of performance，**COP**）は

$$COP_L = \frac{Q_L}{L_t} = \frac{Q_L}{Q_H - Q_L} \tag{4.23}$$

となる。

一方，暖房や給湯など加熱を目的とした場合は，以下のようになる。

$$COP_H = \frac{Q_H}{L_t} = \frac{Q_H}{Q_H - Q_L} \tag{4.24}$$

同じ温度条件であれば，加熱量 Q_H には圧縮機の工業仕事（$L_t = Q_H - Q_L$）が上乗せされる分だけ，式 (4.24) のほうが式 (4.23) よりも大きな値となり，$COP_H = COP_L + 1$ の関係がある。

なお，冷凍サイクルは，ランキンサイクルを逆サイクルにしたものとほぼ同じであるが，高圧の凝縮器と低圧の蒸発器の間には，通常膨張弁あるいはキャピラリーチューブが設置されており，その減圧過程が絞り膨張（等エンタルピー膨張）となる。当然，仕事を取り出す等エントロピー膨張のほうが望まし

いが，通常の冷凍サイクルの膨張過程は液相が多い低乾き度状態となり，体積流量が圧縮機の気相のそれと比べて非常に小さいので，わざわざ膨張機を設置して仕事を回収することは費用対効果が低い場合が多く，通常行われない。もちろん，低圧や高乾き度で膨張させる場合は，膨張機を用いたり，エジェクターにより膨張後の運動エネルギーを回収することは有効である。

冷凍サイクルやヒートポンプは熱源間の温度差が小さい場合が多いので，熱源と作動流体間の温度差によるエクセルギー損失が相対的に大きなものとなり，無視できない。熱交換温度差を小さくできれば，図(b)において，高圧側と低圧側の圧力差が小さくなり（サイクル線図が縦に縮み），その分だけ圧縮機の仕事を減らせる。そのため，省エネルギータイプのエアコンには，非常に大きな熱交換器が搭載されており，熱交換温度差を抑制している。しかしながら，実際には快適性の限界がある。

例えば，空調機の室内/室外標準温度（乾球温度）は，暖房20℃/7℃，冷房27℃/35℃と決められている。逆カルノーサイクルを使えば，暖房COPの上限は $T_H/(T_H-T_L)=293.15/(293.15-280.15)=22.6$，冷房COPは $T_L/(T_H-T_L)=300.15/(308.15-300.15)=37.5$ と非常に大きい値になる。理屈としては，エアコンの吹出し温度が21℃でも暖房できるし，26℃でも冷房できることになるが，実際の暖房時に体の表面温度である33～34℃よりも低温の空気が吹きかかったら寒く感じるであろうし，冷房において露点よりも温度が高い空気では除湿できない。

冷凍サイクルやヒートポンプは，基本的に外燃機関と同様に熱源と熱交換して熱をやり取りするため，どうしても能力に対して機器が大型に小さくなりがちである。家庭用のガス燃焼式給湯器とヒートポンプ式給湯器を比較しても，ヒートポンプ式の給湯能力はガス燃焼式の約1/10，重量と体積は熱源機だけでも約2倍もある（瞬間的な給湯能力が足りなので，実際はさらに貯湯槽が必要である）。圧縮機に加えて，温度差の小さな熱交換器が二つも必要なためである。再生可能エネルギーの主力である太陽光発電や風力発電の出力は電気なので，将来的には熱需要も電化を推進することが求められている。ヒートポンプ式が燃焼式と競合できるように，大幅な低コスト化が求められている。ヒートポンプ式のほとんどが空気熱源なので，気相熱交換器を小型化できれば，大きなブレークスルーとなる。

コーヒーブレイク

ペルチェ素子（Peltier element）

物質中に温度勾配があると，熱のキャリヤである電子や正孔が移動する駆動力が発生し，それを打ち消すように電位差 $\Delta E = -\alpha \Delta T$ が発生する。この現象は**ゼーベック効果**（Seebeck effect）として知られており，α は**ゼーベック係数**（Seebeck coefficient）と呼ばれる。ここで，異なる物質を**図1**のように接続し回路を構成すると，両物質の両端には開回路において $E = \alpha_{12}(T_H - T_L)$ の電位差を発生する。ここで，α_{12} は二つの物質のゼーベック係数の差である。

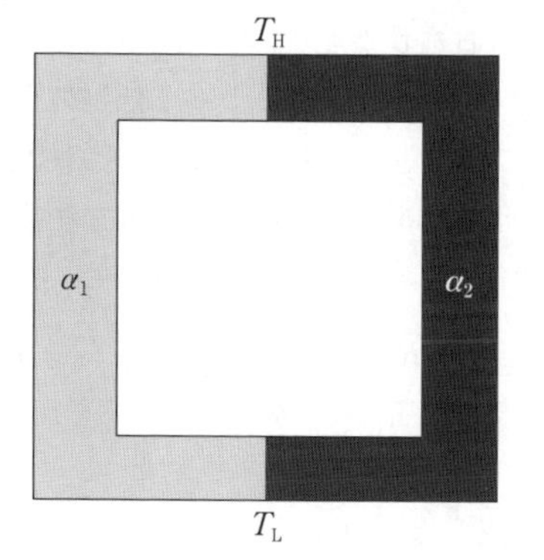

図1

この回路の内部抵抗が R_i であったとき，回路を短絡すると $I = E/R_i = \alpha_{12}(T_H - T_L)/R_i$ の電流が流れ，単位時間当りの内部発熱は $Q = \alpha_{12}IT_H - \alpha_{12}IT_L$ となる。これは高温側と低温側において，それぞれ $\alpha_{12}IT_H$ と $\alpha_{12}IT_L$ の熱が吸熱および放熱され，その差が内部発熱になったと解釈できる。このような吸放熱現象は**ペルチェ効果**（Peltier effect）と呼ばれる。外部から電気仕事を与えて逆向きに電流を流すと吸熱と放熱が入れ替わり，低温側から $\alpha_{12}IT_L$ を吸熱し，高温側に $\alpha_{12}IT_H$ を放熱する冷凍機として機能する。

例えば，**図2**のように長さ l で断面積がそれぞれ A_1 と A_2 の二つの物質をつなげた回路を構成し，外部から強制的に電流 I を流すことを考える。このときの電圧は，熱起電力と内部抵抗を打ち消すために必要となる $E = \alpha_{12}(T_H - T_L) + IR_i$ となり，電気仕事は $L_e = IE = \alpha_{12}I(T_H - T_L) + I^2R_i$ となる。ここで，内部抵抗は R_i

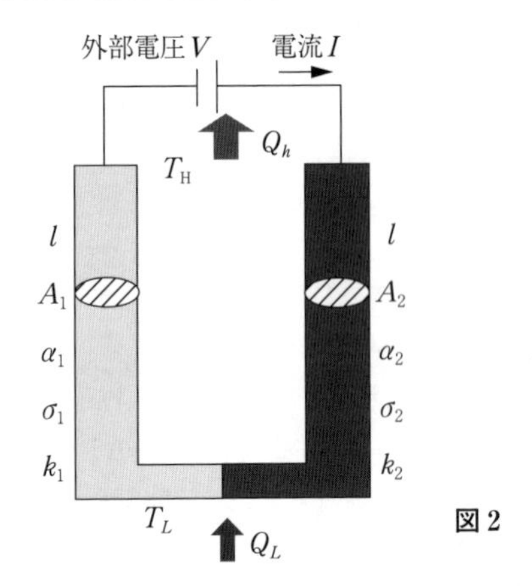

図 2

$=\{l/(\sigma_1A_1)+l/(\sigma_2A_2)\}$，$\sigma$ は電子伝導率である。一方，低温側の吸熱量は，理想的な場合には上述したペルチェ熱 $\alpha_{12}IT_L$ になるが，実際は高温側からの熱伝導や内部発熱の放熱の影響で目減りする。

ここで，熱伝導率を k とすると熱伝導によって低温側から流出する熱量は $(k_1A_1/l+k_2A_2/l)(T_H-T_L)$ であり，また内部発熱の半分 $I^2R_i/2$ が低温側から流出すると仮定すると，最終的に低温側の吸熱量は，$Q_L=\alpha_{12}IT_L-I^2R_i/2-(k_1A_1/l+k_2A_2/l)(T_H-T_L)$ と表される。これらの関係を使うと，成績係数は

$$\mathrm{COP}=\frac{Q_L}{L_e}=\frac{\alpha_{12}IT_L-\dfrac{1}{2}I^2R_i-\left(\dfrac{k_1A_1}{l}+\dfrac{k_2A_2}{l}\right)(T_H-T_L)}{\alpha_{12}I(T_H-T_L)+I^2R_i}$$

$$=\frac{\dfrac{T_L}{T_H}x-\dfrac{1}{2}x^2-\dfrac{T_H-T_L}{T_H^2z}}{\dfrac{T_H-T_L}{T_H}x+x^2}$$

と表される。ここで $x=IR_i/(\alpha_{12}T_H)$ であり，$z=\alpha_{12}^2/(k_1A_1/l+k_2A_2/l)\{l/(\sigma_1A_1)+l/(\sigma_2A_2)\}$ である。COP は z が大きいほど，すなわち分母の $(k_1A_1/l+k_2A_2/l)\{l/(\sigma_1A_1)+l/(\sigma_2A_2)\}$ が小さいほど大きくなる，最大の z を与える断面積比は $A_1/A_2=\sqrt{k_2\sigma_2/(k_1\sigma_1)}$ となり，このときの z の値は $z_{\max}\equiv Z\equiv\alpha_{12}^2/(\sqrt{k_1/\sigma_1}+\sqrt{k_2/\sigma_2})^2$ となる。

このことからわかるように，COP を上げるためには，ゼーベック係数と電子伝導率が大きく，熱伝導率が小さい材料が望ましい。この Z 値において最大の COP を与える x の値は，$\partial\mathrm{COP}/\partial x=0$ を解けば求めることができ，$x=(T_H-T_L)/T_H\times1/(\sqrt{1+\overline{T}Z}-1)$ となる。ここで，$\overline{T}=(T_H+T_L)/2$ は平均温度である。すな

わち成績係数の最大値は

$$\mathrm{COP}_{\max} = \frac{T_L}{T_H - T_L}\frac{\sqrt{1+Z\overline{T}} - T_H/T_L}{\sqrt{1+Z\overline{T}}+1}$$

となる。$Z\overline{T} \to \infty$のとき$\mathrm{COP}_{\max} \to T_L/(T_H - T_L)$となり，逆カルノーサイクルのCOPと等しくなる。このように，ペルチェ素子のCOPは逆カルノーサイクルを超えることはない。$Z\overline{T}$は**無次元性能指数**（dimensionless figure of merit）と呼ばれ，ペルチェ素子の性能を表す重要な指標である。

ここで，低温から熱を吸い上げて，温度$T°$の環境に熱を放出する冷凍機を考える（$T_L < T°$，$T_H = T°$）。このとき，低温熱源のエクセルギーは式(4.3)のように$E = Q_L(T°/T_L - 1)$だけ増加する。加えた仕事L_eからこのエクセルギー増加分Eを減じたものがエクセルギー損失となり

$$\begin{aligned}
E_{\mathrm{Loss}} &= L_e - Q_L\left(\frac{T°}{T_L} - 1\right)\\
&= \{\alpha_{12}I(T° - T_L) + I^2R_i\}\\
&\quad - \left\{\alpha_{12}IT_L - \frac{I^2R_i}{2} - \left(\frac{k_1A_1}{l} + \frac{k_2A_2}{l}\right)(T° - T_L)\right\}\left(\frac{T°}{T_L} - 1\right)\\
&= T°\left\{\left(\frac{I^2R_i}{2}\Big/T_L + \frac{I^2R_i}{2}\Big/T°\right) + \left(\frac{k_1A_1}{l} + \frac{k_2A_2}{l}\right)(T° - T_L)\Big/T_L\right.\\
&\quad \left. - \left(\frac{k_1A_1}{l} + \frac{k_2A_2}{l}\right)(T° - T_L)\Big/T°\right\}\\
&= T°\cdot P_s
\end{aligned}$$

となる。右辺のI^2R_iを含む項は，内部抵抗による発熱が低温側と周囲環境にそれぞれ半分ずつ放熱される際のエントロピー生成を表す。残りは熱伝導$(k_1A_1/l + k_2A_2/l)(T_H - T_L)$熱が高温$T°$で流入し，低温$T_L$で流出する際のエントロピー生成に対応する。このようにペルチェ素子のエクセルギー損失も，標準周囲温度とエントロピー生成の積$T° \times P_s$になる。

4.12　エクセルギーから見た火力発電の効率の変遷

図4.18に，火力発電の効率の推移を示す。ニューコメンが18世紀初頭に発明した蒸気機関は効率が1%にも満たないものであった。シリンダー内に高温蒸気を導入し，これを冷却水で急冷するという構成であったため，冷やされた

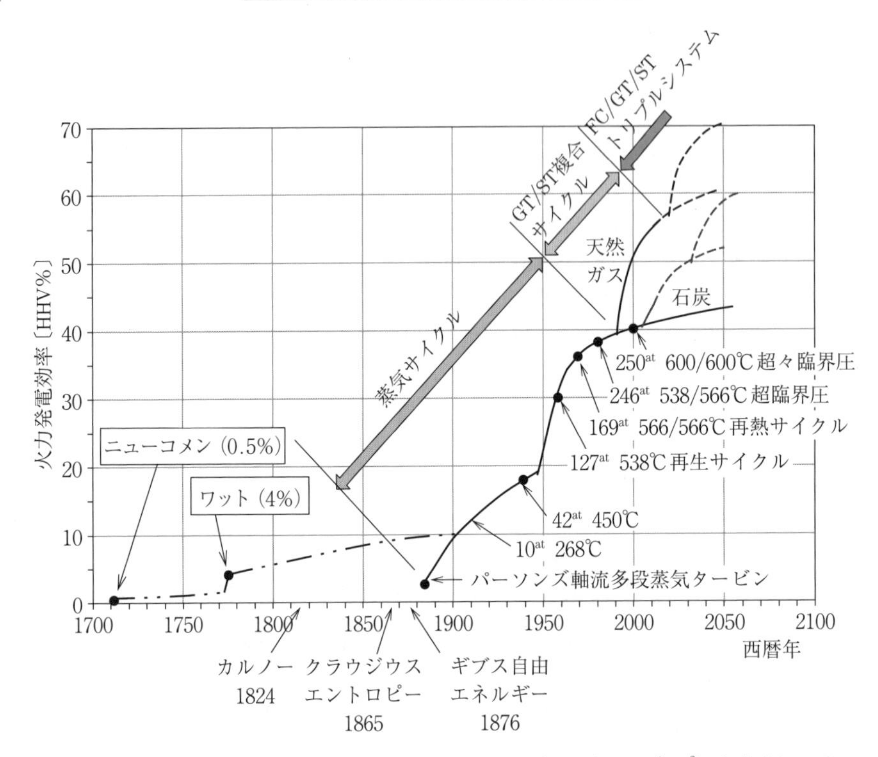

図 4.18　火力発電効率の推移（上付添字の "at" は，工学気圧（＝kgf/cm²）を意味し，その前の数値はその単位による主蒸気圧力を意味する。また，その後のスラッシュ両側にある二つの数値は，前からそれぞれ高圧タービンと低圧タービンの入口温度を示している）

シリンダーに蒸気熱が奪われ放熱損失が非常に大きいという課題があった。その約 70 年後に，ワットがボイラーと凝縮器を分離することでこの放熱損失を抑制することに成功し，効率が飛躍的に向上した。放熱ロスを減らすという意味では，第一法則に基づく熱効率の改善である。その後，熱から仕事への変換効率を向上させるための激しい開発競争の中で，カルノー，クラウジウス，ギブスといった先駆者たちが，学問としての熱力学を発展させていった。この天才達にとっても，おそらく熱と仕事の量と内訳を知りたいというニーズが研究の最大の動機になっていたにちがいない。その後，1900 年ごろから軸流式の蒸気タービンが普及し始め，50 年以上かけて効率が 20%程度まで向上した。高温化とタービンでのエントロピー生成の抑制，つまり第二法則に基づいた改善である。それまでは単純なランキンサイクルであったが，第二次大戦後に再生サイクルや再熱サイクルが採用され，効率が約2倍に向上した。熱交換に伴うエクセルギー損失の削減である。その後，蒸気条件（温度と圧力）をさらに徐々に上げて現在に至っている。

一方，天然ガス火力発電では，1980年代後半にガスタービンの排熱で蒸気タービンを駆動する**コンバインドサイクル**（combined cycle）が登場し，発電効率が10ポイント程度飛躍的に向上した。サイクルの低温側を変えずに，最高温度を蒸気タービンでの作動流体温度（約600℃）からガスタービンの作動流体温度（約1 500℃）まで高温化したことで，化学エネルギーが熱に変換さ

コーヒーブレイク

スケールメリット

熱機関は，一般に大型化すればするほど，体積当りの表面積が相対的に小さくなるため放熱損失を減らせたり，また回転体とケーシングの隙間が相対的に小さくなることでシール部での漏れが減ったり，レイノルズ数が高くなることで摩擦係数が小さくなったりする。効率や出力当りの設備費や維持費も減らせるなど，大きさにより多くの面で有利になることからこのような長所を**スケールメリット**（advantage of scale）と呼ぶ。火力発電所もこのスケールメリットを追求してどんどん大型化してきたが，大型化すればするほど構造体としての強度が相対的に弱くなり，強度を確保するためのコストアップがスケールメリットを相殺してしまう。そのため，100万kW程度が大型化の限界となっている。体の大きさに対する相対的な足の太さを象と昆虫で比べてみれば，大型の体を支えるためにはいかに太い足が必要になるかがわかると思う。

一方，小型であっても大量な数を生産すれば，生産コストを大幅に削減することが可能である。大量生産品に対して，生産量が2倍になったときに，どれだけコストが下がるかを表す指標として**習熟率**（learning rate）がある。例えば，エアコンの習熟率は80%強と見積もられており，生産台数が1桁増えるとコストはおよそ半減する。日本のエアコン出荷台数は1 000万台近くあり，この量産のスケールメリットにより，非常にコストが下がっている。前述のヒートポンプ給湯器も，エアコンの大量生産技術を流用することで，燃焼式との価格差を縮めることに成功している。サイズと数量の二つのスケールメリットをうまく使いこなすことは，きわめて有効な方法である。

れる際のエクセルギー損失削減に成功した。別な見方をすると，ガスタービン排ガスの保有するエクセルギーを蒸気サイクルで回収していると考えることもできる。現在は，石炭をガス化し，それをコンバインドサイクルに導入する**石炭ガス化複合発電**（integrated coal gasification combined cycle，**IGCC**）も商用化されている。石炭もガス化することでガスタービンの燃料として利用できるのである。

コンバインドサイクルにつづく将来技術として期待されているのが，トッピングに800℃以上で作動する**固体酸化物形燃料電池**（solid oxide fuel cell，**SOFC**）を用いた**トリプル発電システム**（triple power generation system）である。高温で作動するSOFCで非膨張仕事（＝電気）を取り出し，SOFCからの高温排熱でガスタービンを動かし，さらにその排熱で蒸気タービンを駆動するというものである。図4.1に示したように，エクセルギーを考える場合はどこかから理想的な装置をもってきて使ってよい。トリプル発電は，この理想的な装置そのものといっても過言ではないことがわかると思う。高温の燃料電池は，エクセルギー率100％の電気とエクセルギー率の高い高温熱を排出するという意味で，エクセルギー損失の非常に小さいエネルギー変換装置である。以上のように，熱力学はエネルギー変換機器の効率向上の道標となってきた。また，これからもエネルギー機器がどのように進化すべきか，あるべき姿の方向性を示している。

演 習 問 題

〔**4.1**〕 容積47リットルの高圧ボンベに150 atmの空気が封入されている。ボンベが25℃に保たれているとき，このボンベ内の圧縮空気のエクセルギーを求めよ。ここで，空気は理想気体と近似でき，気体定数は287 J/(kg·K)とする。また，1 atm = 101 300 Paとする。

〔**4.2**〕 定常的に流れている温度400℃の空気1 kgが，圧力1 atmと5 atmにあるときの比エクセルギーをそれぞれ求めよ。なお，空気は定圧比熱 $c_p = 1\,005.0$ J/(kg·K)，気体定数 $R = 287.0$ J/(kg·K)の理想気体と近似する。

〔**4.3**〕 問題〔4.2〕と同じ400℃の空気1 kgを，1 atmと5 atmの圧力で閉じた容器に封入した場合の比エクセルギーを求めよ。

〔**4.4**〕 **問図4.1**の状態1にある理想気体のエクセルギーに相当する面積を図中に図示せよ。

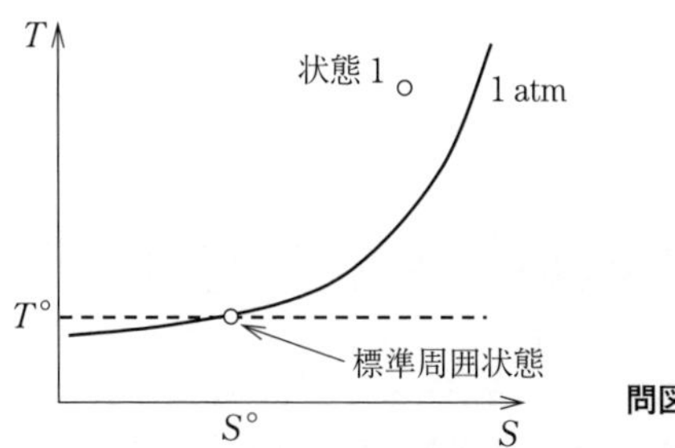

問図4.1

〔**4.5**〕 エクセルギー率93.2%のメタンを燃焼させて，この熱で25℃の水道水を温めて浴槽に40℃のお湯を200リットルためた。このとき失われたエクセルギーを求めよ。水の比熱と密度は4 180 J/(kg·K)および998 kg/m^{3}とする。

〔**4.6**〕 温度225℃，質量100 kgのコンクリートの塊がある。このコンクリート塊のエクセルギーを求めよ。ただし，コンクリートの比熱を880 J/(kg·K)とする。

〔**4.7**〕 気液二相状態を用いると，カルノーサイクルを実現できることを示せ。

5章 電　池

◆本章のテーマ

燃焼に伴うエクセルギー損失を抑制するためには，非膨張仕事を可逆的に取り出す必要がある。それを実現するのが電池であり，その基礎となるのが電気化学である。電気化学の最大のありがたみは，物理的に異なる場所（電極）において，電子を放出する反応（酸化反応）と，電子を受け取る反応（還元反応）を独立して扱えることにある。このことにより，それぞれの電極において局所的に電気化学的な平衡を考えることができる。言い換えると，不可逆損失なく電子の授受を行うことのできる可逆的な二つの電極（カソードとアノード）があれば，それらの電極において電子の授受をそれぞれ異なる電位で行わせることで，化学的に非平衡な系から可逆的に非膨張仕事（＝電気仕事）を取り出すことができる。非膨張仕事としての電気仕事を陽に扱えることが，電気化学と電子を扱わない通常の化学との非常に大きな違いである。本章では，電池においてどのように非膨張仕事である電気仕事を取り出せるかについて学ぶ。

◆本章の構成（キーワード）

◆本章を学ぶと以下の内容をマスターできます

☞　電極における電気化学反応
☞　電気化学ポテンシャル
☞　ネルンストの式と電池の電位差
☞　電気仕事とギブス自由エネルギー変化

5.1 概　　　要

燃焼に伴うエクセルギー損失を抑制するためには，非膨張仕事を可逆的に取り出すことのできるデバイスが必要である。それを実現するのが電池であり，その基礎となるのが電気化学である。電気化学では，電子やイオンなどの電荷の移動を考慮する。その最大のありがたみは，**図 5.1** に示すように物理的に異なる場所（**電極**，electrode）において，電子を放出する反応（**酸化反応**，oxidation reaction）と，電子を付与する反応（**還元反応**，reduction reaction）を独立して扱えることにある。このことにより，たとえ系が全体としては化学的に非平衡でも，それぞれの電極において局所的に電気化学的な平衡を考えることができる。

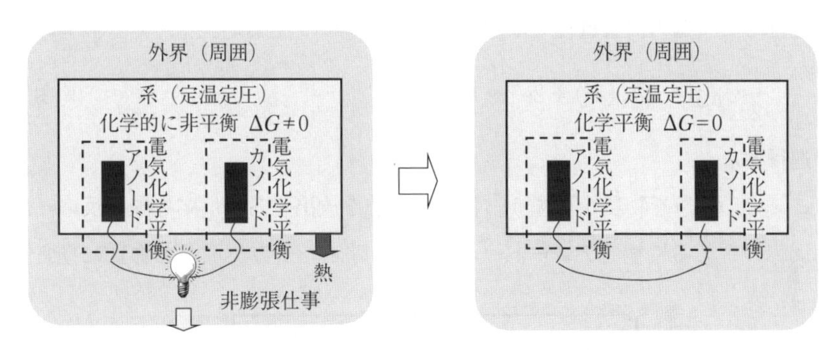

図 5.1　化学平衡と電気化学平衡

最終的に，両電極の電位が等しくなる状態になると発電は停止し，系は化学平衡に至る。言い換えると，不可逆損失なく電子の授受を行うことのできる可逆的な二つの電極（カソードとアノード）があれば，それらを用いて電子の授受をそれぞれ異なる電位で行わせることで，化学的に非平衡な系から可逆的に非膨張仕事（＝電気仕事）を取り出すことができる。もちろん，実際の電池では電極の過電圧や電解質などのオーム抵抗といった不可逆性に伴う損失が存在するが，燃焼して低温の熱にする際のエクセルギー損失に比べれば相当に小さい。このように，非膨張仕事としての電気仕事を陽に扱えることが，電気化学と電子を扱わない通常の化学との重要かつ大きな違いである。なお，電気化学においても定温定圧が仮定される場合がほとんどであり，エンタルピーやギブス自由エネルギーが重要な状態量となる。

5.2　電池の電位差

図 5.2 に，水素酸素燃料電池を示す。電解質水溶液が水素イオン（H^+）透過膜で仕切られており，端子によって電圧が測定できる白金電極が浸されている。両端子を外部で抵抗を介して接続すると，左側の白金電極では酸化反応（アノード反応）

$$H_2(g) \rightarrow 2H^+(aq) + 2e^- \tag{5.1}$$

が進行し，右側の白金電極では還元反応（カソード反応）

$$\frac{1}{2}O_2(g) + 2H^+(aq) + 2e^- \rightarrow H_2O(l) \tag{5.2}$$

が進行する。

ここで，電子を物質から奪う（物質が電子を放出する）反応を酸化反応，酸化反応の生じる電極を**アノード**（anode）と呼ぶ。一方，電子を物質に与える

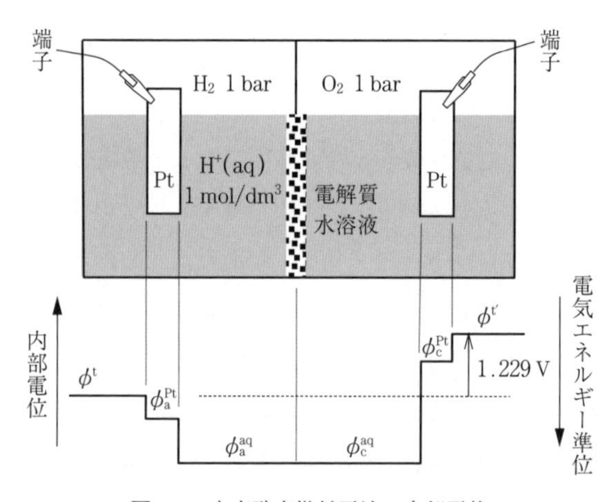

図 5.2　水素酸素燃料電池の内部電位

（物質が電子を受けとる）反応を還元反応，還元反応の生じる電極を**カソード**（cathode）と呼ぶ。端子が開放されていると，図 5.2 に示したような内部電位分布となる。ここで，**内部電位**（inner potential）とは「無限遠真空中の一点（静電的電位ゼロ）から，正の単位電荷を運ぶために必要な仕事」と定義される。電池の電位差 U は，右側の端子の内部電位 $\phi^{t'}$ と左側の端子の内部電位 ϕ^{t} の差として定義される。

$$U = \phi^{t'} - \phi^{t} = (\phi^{t'} - \phi_c^{Pt}) + (\phi_c^{Pt} - \phi_c^{aq}) + (\phi_c^{aq} - \phi_a^{aq}) + (\phi_a^{aq} - \phi_a^{Pt}) + (\phi_a^{Pt} - \phi^{t}) \tag{5.3}$$

可逆電池では，右辺第三項の液間電位差 $(\phi_c^{aq} - \phi_a^{aq})$ はゼロとなる。また，電極と端子間の内部電位差は，カソード側とアノード側の電極と端子の材料が同じであれば等しいので，右辺第一項と第五項は打ち消し合う。したがって，上式は

$$U = \phi^{t'} - \phi^{t} = (\phi_c^{Pt} - \phi_c^{aq}) + (\phi_a^{aq} - \phi_a^{Pt}) = \phi_c^{Pt} - \phi_a^{Pt} \tag{5.4}$$

となり，電池の電位差は電極の内部電位差に等しくなる。電解質水溶液の水素イオン濃度が 1 mol/dm^3（dm^3 = l）で，水素ガスと酸素ガスの圧力が 1 bar のとき，両電極の内部電位差は 1.229 V となる。なお，電極材料がアノードとカソードで異なる場合は，端子間の内部電位差と電極間の内部電位差は等しくならない。ただし，二つの端子が同じ材料であれば，端子間の内部電位差は電極内の電子の最高エネルギー準位の差と等しい。

5.3 標準電極電位

さて，われわれが測定できるのは端子間の電位差だけで，残念ながら図 5.2 や図 5.3 で示すような内部電位の分布を知ることはできない。とはいっても，われわれが最も知りたいのはどれだけ電気仕事が取り出せるかである。つまり，内部電位の分布の絶対値にはあまり興味はなく，あくまでもカソードとアノードの相対的な電位差がわかればよい，と割り切って考える。ここで，動作電極の組合せは無数にあるので，あらゆる電極反応の組合せに対して電位差を

あらかじめ与えておくことはとてもたいへんである。そこで，ある基準となる電極に対する電位差（**標準電極電位**，standard electrode potential）を，さまざまな作動電極に対してあらかじめ調べておき，その相対差を計算することで，任意の作動電極の組合せで構成される電池の電位差を求める，という方法をとる。

雰囲気の水素ガス圧力が 1 bar で，水素イオン濃度 1 mol/dm^3（= mol/l）の電解質水溶液に，白金電極が浸されたものを**標準水素電極**（standard hydrogen electrode，**SHE**）と呼び，SHE と表記する。**図 5.3** は，左側に標準水素電極を用いた電池反応

$$H_2(g) \rightarrow 2H^+(aq) + 2e^- \qquad （酸化反応） \tag{5.5}$$

$$Zn^{2+}(aq) + 2e^- \rightarrow Zn(s) \qquad （還元反応） \tag{5.6}$$

を示したものである。カソード側電解質の亜鉛イオン濃度が 1 mol/dm^3 のとき，電圧計で測定される電池の電位差は −0.762 V になる。この電位差は，亜鉛電極側が標準状態（亜鉛イオン活量 = 1）のときに，標準水素電極を基準電極として測定された相対値である。この標準電極からの相対値を標準電極電位 $E°$ と呼び，次式のように表す。

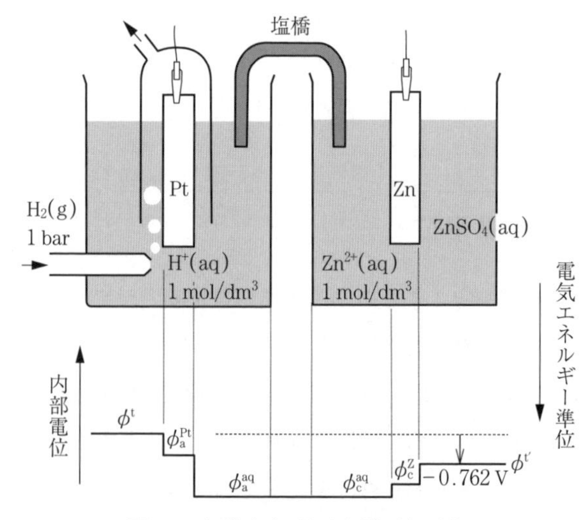

図 5.3　標準水素電極と標準電極電位

$$Zn^{2+}(aq) + 2e^- \rightarrow Zn(s), \qquad E^\circ = -0.762\ \mathrm{V\ vs.\ SHE} \tag{5.7}$$

なお，電気化学では電位に記号 E を用いることが多く，4 章で解説したエクセルギー E とは異なるので，混同しないよう注意すること。**基準電極**（reference electrode）に求められる機能として，電流が流れて電池の内部電位分布が変化した場合でも，基準電極と電解質間の電位差が変化せずに一定に保たれることが求められる。そのためには，電気が流れて平衡から外れた状態になった場合でも，平衡状態の電位差にできるだけ近いまま維持されることが望ましい。ここで，電気が流れたときの平衡電位からのずれを過電圧と呼ぶ。白金電極は，式 (5.5) の反応が速やかに進行して過電圧が小さいので，基準電極として適している。

また，電解質間の電位差（液間電位差）もゼロにする必要があり，その目的のために**塩橋**（salt bridge）が用いられる。塩橋は，飽和 KCl 水溶液を含む寒天などで，電解質の混合を防ぎながら小さな抵抗でイオン電流を流すことができる。これらにより，図 5.3 の基準電極から電解質まではいかなる状態でもつねに同一の電位分布になっている，と考えることができるようになる。その上で，右側に任意の電極を持って来てその電極電位を考えるのである。

ここで約束として，図の電池の左側に基準電極を描き，基準電極側で酸化反応が進行するように反応式を書く。したがって，対象とする電極反応はすべて還元反応として表現される。図 5.2 の右側も，標準水素電極に対する白金電極の酸素還元反応であり

$$\frac{1}{2}O_2(g) + 2H^+(aq) + 2e^- \rightarrow H_2O(l), \qquad E^\circ = +1.229\ \mathrm{V\ vs.\ SHE} \tag{5.8}$$

のことである。

5.4 ネルンストの式

これまでの議論は，すべての物質の活量が 1 のときの話であることに注意されたい。本節では，各物質の活量や量が変化したときの起電力を求める。ま

ず，化学反応の場合の復習から始めよう。以下の化学反応を考える。

$$pP + qQ + \cdots \rightarrow xX + yY + \cdots \tag{5.9}$$

定温定圧における上記反応のギブス自由エネルギー変化 ΔG を，化学ポテンシャル μ と活量 a を用いて表すと

$$\Delta G = \Delta G^\circ + R_0 T \ln \frac{a_X^x \cdot a_Y^y \cdots}{a_P^p \cdot a_Q^q \cdots} \tag{5.10}$$

となる。ここで，ΔG° は式(5.9)の反応の標準ギブス自由エネルギー変化

$$\Delta G^\circ = x\mu_X^\circ + y\mu_Y^\circ + \cdots - p\mu_P^\circ - q\mu_Q^\circ - \cdots \tag{5.11}$$

である。このように，化学反応のギブス自由エネルギー変化 ΔG は，標準ギブス自由エネルギー変化 ΔG° と，各成分の活量 a で表されることを3.6節で学んだ。それでは，電気化学反応の場合はどのように記述されるのだろうか？まず，ある電極におけるイオンも含む物質P, QおよびX, Yの定温定圧での電気化学平衡を考える。

$$pP + qQ + ne^- \rightarrow xX + yY \tag{5.12}$$

電子やイオンは荷電粒子であり，空間中には電場が存在するので，荷電粒子は電気エネルギーをもつ。粒子iの価数を z_i とするとき，この荷電粒子1モルの電荷は $z_i F$〔C〕であり（$F = 96\,485$ C/mol：**ファラデー定数**，Faraday constant），ある基準から電位 E_i にある荷電粒子1モルの電気エネルギーは $z_i F E_i$ となる。荷電粒子を含む平衡を議論する場合には，この電気エネルギーを考慮する必要があり，化学ポテンシャル μ_i に $z_i F E_i$ を加えた**電気化学ポテンシャル**（electrochemical potential）$\tilde{\mu}_i$ を定義する。

$$\tilde{\mu}_i = \mu_i + z_i F E_i = \mu_i^\circ + R_0 T \ln a_i + z_i F E_i \tag{5.13}$$

式(5.12)で表される電気化学反応の平衡条件は，両辺の電気化学ポテンシャルの総和が等しくなることであり，以下のように表される。

$$p\tilde{\mu}_P + q\tilde{\mu}_Q + n\tilde{\mu}_e = x\tilde{\mu}_X + y\tilde{\mu}_Y \tag{5.14}$$

P, Q, X, Yは同じ電位の電解質溶液中にあり，その電位を E_S とすると，式(5.13)の E_i を E_S で置き換えることで，溶液中の各成分（i = P, Q, X, Y）の電気化学ポテンシャルが求まる。例えば，電位 E_S の電解質溶液中のイオンPの

電気化学ポテンシャルは

$$\tilde{\mu}_{\mathrm{P}} = \mu_{\mathrm{P}}^{\circ} + R_0 T \ln a_{\mathrm{P}} + z_{\mathrm{P}} F E_{\mathrm{S}} \tag{5.15}$$

となる。

一方，電子は電極中にあるので，その電位は電解質溶液の電位とは異なる。電極の電位を E_{M} とすると，電極中の電子の電気化学ポテンシャルは以下のように表される。

$$\tilde{\mu}_{\mathrm{e}} = \mu_{\mathrm{e}}^{\circ} + R_0 T \ln a_{\mathrm{e}} - F E_{\mathrm{M}} = \mu_{\mathrm{e}}^{\circ} - F E_{\mathrm{M}} \tag{5.16}$$

ここで，電子に対しては $z_{\mathrm{e}} = -1$，$a_{\mathrm{e}} = 1$（金属中の自由電子の活量は1）を用いた。これらの関係を平衡条件式 (5.14) に代入して整理すると，次式が得られる。

$$\begin{aligned} & F\{nE_{\mathrm{M}} - (pz_{\mathrm{P}} + qz_{\mathrm{Q}} - xz_{\mathrm{X}} - yz_{\mathrm{Y}})E_{\mathrm{S}}\} \\ & = p\mu_{\mathrm{P}}^{\circ} + q\mu_{\mathrm{Q}}^{\circ} + n\mu_{\mathrm{e}}^{\circ} - x\mu_{\mathrm{X}}^{\circ} - y\mu_{\mathrm{Y}}^{\circ} + R_0 T \ln \frac{a_{\mathrm{P}}^{p} \cdot a_{\mathrm{Q}}^{q}}{a_{\mathrm{X}}^{x} \cdot a_{\mathrm{Y}}^{y}} \end{aligned} \tag{5.17}$$

ここで，式 (5.14) の反応の電荷のバランスから，$pz_{\mathrm{P}} + qz_{\mathrm{Q}} - n - xz_{\mathrm{X}} - yz_{\mathrm{Y}} = 0$ という関係が成り立つ。また，$p\mu_{\mathrm{P}}^{\circ} + q\mu_{\mathrm{Q}}^{\circ} + n\mu_{\mathrm{e}}^{\circ} - x\mu_{\mathrm{X}}^{\circ} - y\mu_{\mathrm{Y}}^{\circ}$ は，温度が与えられればその温度では定数となるので，これを C とおくと，式 (5.17) は次式のように書ける。

$$nF(E_{\mathrm{M}} - E_{\mathrm{S}}) = C + R_0 T \ln \frac{a_{\mathrm{P}}^{p} \cdot a_{\mathrm{Q}}^{q}}{a_{\mathrm{X}}^{x} \cdot a_{\mathrm{Y}}^{y}} \tag{5.18}$$

この関係は基準電極に対しても成り立つので，基準電極の電位を $E_{\mathrm{M}}^{\mathrm{SHE}}$ とすると，いま対象としている電極の基準電極に対する相対的な電位差 E は次式のようになる。

$$E = (E_{\mathrm{M}} - E_{\mathrm{S}}) - (E_{\mathrm{M}}^{\mathrm{SHE}} - E_{\mathrm{S}}) = \frac{C}{nF} - (E_{\mathrm{M}}^{\mathrm{SHE}} - E_{\mathrm{S}}) + \frac{R_0 T}{nF} \ln \frac{a_{\mathrm{P}}^{p} \cdot a_{\mathrm{Q}}^{q}}{a_{\mathrm{X}}^{x} \cdot a_{\mathrm{Y}}^{y}} \tag{5.19}$$

ここで，式 (5.19) の右辺第一項と第二項 $C/nF - (E_{\mathrm{M}}^{\mathrm{SHE}} - E_{\mathrm{S}})$ は，**図 5.4** に示すように標準状態（すべての物質の活量 $a = 1$）での基準電極に対するいま対象としている電極の電位差である。すなわち，定義からこれは標準電極電位

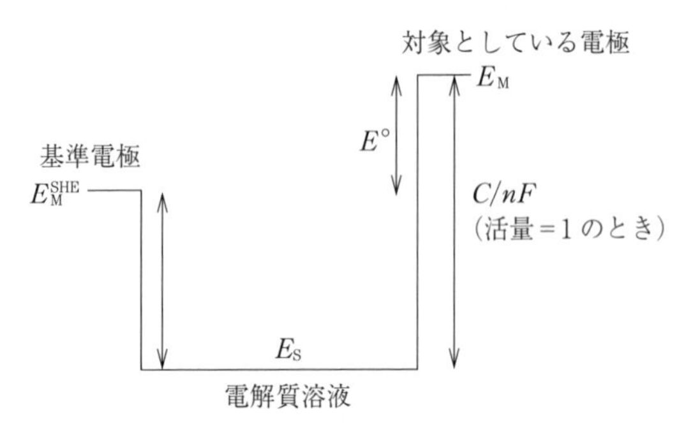

図 5.4 標準状態にある電極と基準電極の電位差（標準電極電位 E°）

E° そのものであり，式 (5.19) は

$$E = E^\circ + \frac{R_0 T}{nF} \ln \frac{a_P^p \cdot a_Q^q}{a_X^x \cdot a_Y^y} \tag{5.20}$$

と書ける。これで P, Q, X, Y の活量が変化したときに，対象としている電極の基準電極に対する電位が記述できた。式 (5.20) は，**ネルンストの式**（Nernst equation）と呼ばれる。

酸素の還元反応を例にネルンストの式を書いてみる。

$$\frac{1}{2} O_2(g) + 2H^+(aq) + 2e^- \rightarrow H_2O(l), \qquad E^\circ = +1.229 \text{ V vs. SHE} \tag{5.21}$$

$$E = 1.229 + \frac{R_0 T}{2F} \ln \frac{(p_{O_2}/p^\circ)^{1/2} \cdot ([H^+]/c^\circ)^2}{a_{H_2O(l)}} = 1.229 + \frac{R_0 T}{2F} \ln \frac{p_{O_2}^{1/2} [H^+]^2}{a_{H_2O(l)}} \tag{5.22}$$

ここで，圧力の単位は bar であり，標準圧力は $p^\circ = 1$ bar なので，また p° は記述しても 1 と書かれるだけなので，上式では p° の表記を省略している。c° も同様である。

一方，水素の発生（水素イオンの還元反応）は

$$2H^+(aq) + 2e^- \rightarrow H_2(g), \qquad E^\circ = 0 \text{ V vs. SHE} \tag{5.23}$$

$$E = 0 + \frac{R_0 T}{2F} \ln \frac{([H^+]/c^\circ)^2}{(p_{H_2}/p^\circ)} = 0 + \frac{R_0 T}{2F} \ln \frac{[H^+]^2}{p_{H_2}} \tag{5.24}$$

となる。ここで，式 (5.21) や式 (5.23) の電子は同じ e^- と表記されていても，そのエネルギー準位が異なることに注意されたい。つまり，空間的に異なる場所にある電極において，電子は異なる電位において電気化学的な平衡状態にある。この平衡から外れることなく反応を損失なく進めることができれば，異なる電位で可逆的に電子をやり取りできる。すなわち，可逆的に電気仕事を取り出せる。これが電池の本質である。

全体の電池反応

$$H_2(g) + \frac{1}{2}O_2(g) \rightarrow H_2O(l) \tag{5.25}$$

は，式 (5.21) を還元反応，式 (5.23) を酸化反応とした場合に相当するので，この電池反応の電極電位差は，以下のように表される。

$$E = \left(1.229 + \frac{R_0 T}{2F}\ln\frac{p_{O_2}^{1/2}\cdot[H^+]^2}{a_{H_2O(l)}}\right) - \left(0 + \frac{R_0 T}{2F}\ln\frac{[H^+]^2}{p_{H_2}}\right)$$
$$= 1.229 + \frac{R_0 T}{2F}\ln\frac{p_{O_2}^{1/2}p_{H_2}}{a_{H_2O(l)}} \tag{5.26}$$

酸素分圧や水素分圧が変化したとき，標準状態の値 $E^\circ = 1.229$ V から式 (5.26) に従って起電力が変化する。

話を化学反応に戻すと，式 (5.25) の反応のギブス自由エネルギー変化は

$$\Delta G = \Delta G^\circ + R_0 T \ln\frac{a_{H_2O(l)}}{p_{O_2}^{1/2}p_{H_2}} \tag{5.27}$$

であった。一方，式 (5.25) において水素が1モル反応したときの電気仕事は $2FE$ である（この係数2は，式 (5.21) や式 (5.23) において電子が2モル反応することに対応する）。つまり，上述の電気仕事 $2FE$ が定温定圧での最大非膨張仕事，すなわちギブス自由エネルギー変化（に負号を付けたもの）に対応している。反応に関与する電子の数を n とすると，一般に以下の式が成り立つ。

$$E = -\frac{\Delta G}{nF} \tag{5.28}$$

$$E^\circ = -\frac{\Delta G^\circ}{nF} \tag{5.29}$$

このように，電極電位差Eとギブス自由エネルギー変化ΔGは等価であり，$-nF$という係数を介して変換可能である。最大非膨張仕事を，電極での酸化反応と還元反応の電子のポテンシャルの差（電位差）で見ているのか，化学反応の自由エネルギーの差で見ているのかの違いである。アノードとカソードを外界で接続すると電流が流れ，両電極の電位が等しくなるまで反応に関与する物質の活量が変化する。その結果，系は最終的に化学平衡$\Delta G=0$（電位差$E=0$）に至る。ここで，それぞれの電極における電気化学反応 (5.21) や (5.23) は，電気化学的には平衡であったことをもう一度思い出してほしい。平衡であるということは，損失（過電圧）のない理想的な電極があれば可逆的に非膨張仕事を取り出すことができるということである。電池は，このようにして非膨張仕事を電気仕事として可逆的に取り出す装置である。火を使わない人類になれるかどうかは，人類が燃焼に代わって電池を使いこなせるかどうかにかかっているのである。

例題5.1

1 000 K で動作する高温の水素酸素燃料電池 $H_2(g) + (1/2)O_2(g) \rightarrow H_2O(g)$ において，酸素分圧，水素分圧，水蒸気分圧が，それぞれ初期は 6 bar，11 bar，1 bar で，最終的に 1 bar，1 bar，1 bar になった。このとき，電極電位差がどのように変化したかを求めよ。ただし，1 000 K における水蒸気の標準生成ギブス自由エネルギーは $\Delta_f G^\circ_{H_2O(g)} = -192.59$ kJ/mol である。

解答

式 (5.20) と式 (5.28) から標準電極電位は

$$E = E^\circ + \frac{R_0 T}{2F}\ln\frac{p_{O_2}^{1/2}p_{H_2}}{p_{H_2O}} = -\frac{\Delta G^\circ}{2F} + \frac{R_0 T}{2F}\ln\frac{p_{O_2}^{1/2}p_{H_2}}{p_{H_2O}}$$

と書ける。初期は

$$E = -\frac{-192.59\times10^3}{2\times96\,485} + \frac{8.314\times1\,000}{2\times96\,485}\ln\left(\frac{6^{1/2}\times11}{1}\right) = 1.149\ \mathrm{V}$$

であったものが，最終的に

$$E = -\frac{-192.59\times10^3}{2\times96\,485} + \frac{8.314\times1\,000}{2\times96\,485}\ln\left(\frac{1^{1/2}\times1}{1}\right) = 0.968\ \mathrm{V}$$

となる。

演 習 問 題

〔**5.1**〕 二つの半反応

$$Ag^+(aq) + e^- \rightarrow Ag(s), \qquad E^\circ = +0.80\ \mathrm{V\ vs.\ SHE}$$
$$AgCl(s) + e^- \rightarrow Ag(s) + Cl^-(aq), \qquad E^\circ = +0.22\ \mathrm{V\ vs.\ SHE}$$

において，上の反応をアノード，下の反応をカソードとした電池の標準電位を求めよ。

〔**5.2**〕 式(5.21)で示される酸素の還元反応において，温度25℃で酸素分圧1 barのとき，ネルンストの式(5.22)をpHを用いて記述せよ。ここで

$$\mathrm{pH} = -\log_{10}[H^+]$$

である。

〔**5.3**〕 鉄が水の環境で腐食する状況を考える。

$$Fe(s) + 2H^+(aq) + \frac{1}{2}O_2(g) \rightarrow Fe^{2+}(aq) + H_2O(l)$$

すべての成分の活量が1のとき，腐食が進むかどうか判定せよ。またpHが小さく（水素イオン濃度が高く）なり酸性になると，反応はどのように進行するか？

〔**5.4**〕 標準状態25℃において，二酸化炭素を電気分解して，一酸化炭素を得る$CO_2 \rightarrow CO + \frac{1}{2}O_2$の反応において，必要となる最小の電位差を求めよ。ただし，標準状態25℃におけるCOおよびCO_2の標準生成ギブス自由エネルギーは，それぞれ

$$\Delta_f G^\circ_{CO_2} = -394.389\ \mathrm{kJ/mol}, \qquad \Delta_f G^\circ_{CO} = -137.163\ \mathrm{kJ/mol}$$

である。

〔**5.5**〕 標準状態において，水を400 Kおよび1 000 Kでそれぞれ電気分解した。外部から熱の供給がある場合とない場合に必要な電圧を求めよ。ただし，水の電気分解反応$H_2O(g) \rightarrow H_2(g) + (1/2)O_2(g)$の標準エンタルピー変化と標準ギブス自由エネルギー変化は**問表5.1**のように与えられる。

問表5.1

T〔K〕	ΔH°〔kJ/mol〕	ΔG°〔kJ/mol〕
400	242.846	223.901
1 000	247.857	192.590

6章 エネルギー問題と熱力学

◆本章のテーマ

日本のエネルギー需給を概観すると，第1次近似としては化石燃料を主とする1次エネルギーが流入し，二酸化炭素と水が排出される定常流動系とみなしてもよいであろう。われわれは，そこで仕事と熱を利用して生活している。日本のエネルギーフローを見ると，需要側の最終エネルギー消費は，1次エネルギー供給の約2/3であり，全体の約1/3の量のエネルギーが失われていることがわかる。さらに，われわれが真に必要としているエクセルギー量は，最終エネルギー消費よりもさらに少なく，需要側でも大量のエクセルギー損失が発生している。輸入している化石燃料のエクセルギー率は100%に近いはずなのに，なぜこれほどにも全体の変換効率は低いのであろうか？ 本書の読者の皆さんは，熱力学がその答えを与えてくれる最強の知識体系であることがおわかりいただけたと思う。エネルギー問題の解決に向けて，熱力学の果たすべき役割は非常に大きい。

◆本章の構成（キーワード）

1次エネルギー，2次エネルギー，化石燃料，再生可能エネルギー，蓄エネルギー

◆本章を学ぶと以下の内容をマスターできます

☞ エネルギー問題における熱力学の重要性
☞ わが国全体のエネルギー変換効率の改善
☞ 蓄エネルギーの重要性

わが国の周りに検査体積を設定してエネルギー保存を考えると，使用ずみ核燃料や廃棄物などが蓄積したりするので，必ずしも定常とはいえないが，第1次近似としては化石燃料を主とする**1次エネルギー**（primary energy）が流入し，二酸化炭素と水が排出される定常流動系とみなしてもよいであろう。われわれは，そこで仕事と熱を利用して生活していることになる。**図6.1**に，2015年度の日本のエネルギーフローの概略を示す。ここで，1次エネルギーとは，石油，石炭，天然ガス，原子力などの加工されない状態で供給されるエネルギーである。一方，電気，都市ガス，LPガス，ガソリン，灯油などは，われわれが使いやすい形に加工されたエネルギーであり，**2次エネルギー**

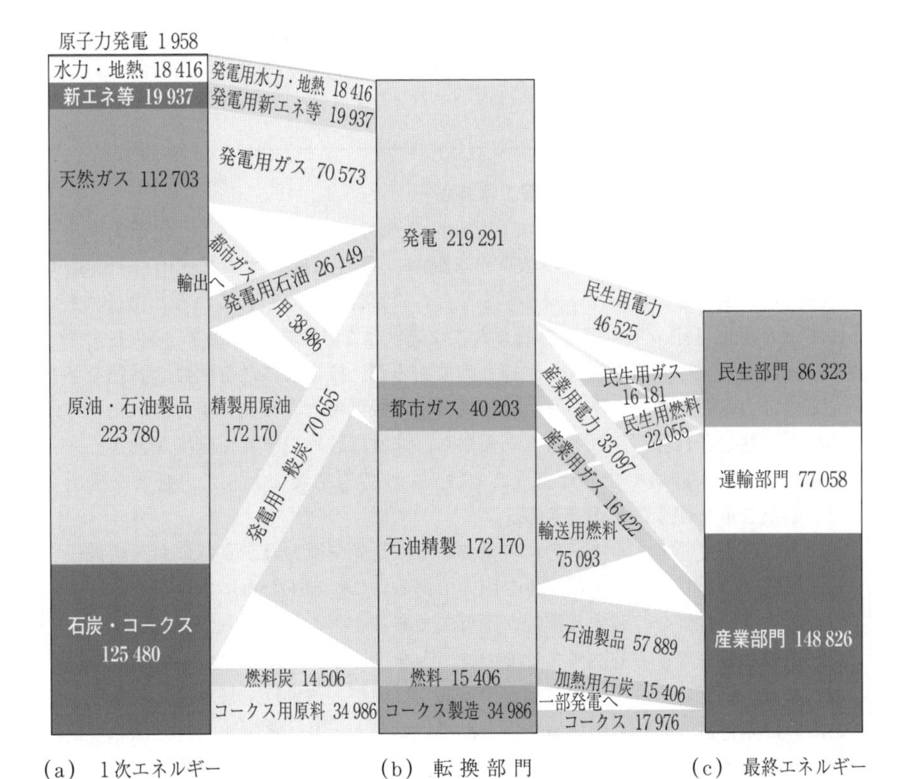

図6.1 2015年度の日本のエネルギーフロー（単位は 10^{10} kcal）[7]

（secondary energy）と呼ばれる。

最終エネルギー消費（final energy consumption）とは，需要側で消費した2次エネルギー量であるが，1次エネルギーから2次エネルギーに変換する際に，全体の約1/3の量が失われていることがわかる。この減少分のほとんどは，エクセルギー率100%に近い化石燃料を燃焼して作動流体に熱を伝え，エクセルギー率の低い低温の状態にしてしまった際に発生したものである。作動流体がサイクル中で圧縮されたり膨張したりする際のエクセルギー損失ももちろん存在するが，燃焼して化学エネルギーを低温の作動流体のエンタルピーに変換した際のエクセルギー損失に比べれば非常に小さい。

また，図6.1(c)にある最終エネルギー消費は，需要側で消費した2次エネルギー量のことであって，われわれが真に必要としているエクセルギー量では

コーヒーブレイク

変動型再生可能エネルギーと蓄エネルギー

カーボンニュートラル（carbon neutrality）社会の実現に向けて，**化石エネルギー**（fossil energy）への過度な依存から脱却し，**再生可能エネルギー**（renewable energy）を主たるエネルギー源とする社会への移行が求められている。化石エネルギーと再生可能エネルギーの最も大きな違いはなにであろうか？ もちろん，二酸化炭素を発生するかどうかが違うのであるが，技術的に最も困難な課題を与えるのは，貯蔵性の差であろう。化石燃料は，数億年という長い年月にわたって地球上で熟成され保存されてきたことから，非常に貯（た）めやすく，密度が大きく，輸送しやすい。貯めやすいということは，いつでも必要なときに，必要な場所で，必要な量を使うことができる。

一方，再生可能エネルギーの代表格である太陽光や風力は，まさにお天道様任せ，風任せであり，かつ電気が主な出力である。これを主たるエネルギー源とするためには，電気を貯蔵する機能が不可欠であるが，このコストが非常に高く，化石燃料と競合できるレベルまでそのコストを下げることがこれからの大きな挑戦となる。昼夜であれば，蓄電池が手っ取り早いが，週単位，月単位，年単位，あるいは非常事態のための備蓄といった視点で考えると，蓄電池だけでは力不足で，化学エネルギー（水素，有機ハイドライド，アンモニア，合成燃料など）への変換，需要側の能動的な制御（**デマンドレスポンス**，demand response），揚水発電，蓄熱など，あらゆる蓄エネルギー技術を総動員することが求められる。

ないことに注意してほしい。われわれの生活の最終的な効用を満たすために本当に必要なエクセルギーは，2次エネルギーの約半分，1次エネルギー総供給量のおよそ1/3程度だと推定されている。都市ガスを燃焼して40℃のお風呂に入ったり，灯油ストーブで部屋を25℃に暖房したり，自動車の走行に必要となる軸動力をはるかに上回る量のガソリンを消費したり，需要側でも大量のエクセルギー損失が発生している。

輸入している化石燃料のエクセルギー率は100%に近いはずなのに，なぜこれほどにも損失が大きいのであろうか？ 本書で学んだ読者は，熱力学がその解決策を与えてくれる最強の知識体系であることがおわかりいただけると思う。一言でいえば，図4.1でエクセルギーを考えたときに示したような理想的な電池，熱機関，膨張機などをまだ人類は使いこなしていないということである。原理がわかっていないというよりも，コストが高過ぎて普及していないというのが実情である。機械工学，化学工学，電気工学などの工学は，すべて実際に世の中で役立つ機器をつくり出すための実学である。図6.1に示したエネルギーフローの構成を大きく変革し，エネルギー問題を解決する上で，工学の果たすべき役割は非常に大きい。

演　習　問　題

〔**6.1**〕 日本の1次エネルギー供給量は年間約4.56×10^{15} kcalである。人間が生物として必要なエネルギー量と比較してみよ。

〔**6.2**〕 家庭用の電気料金が25円/kWhだとすると，上記の人間1人の食事量と同じエネルギーの電気代はいくらになるか？

〔**6.3**〕 日本の石油備蓄は，国家備蓄と民間備蓄を合わせて233日分ある（2022年8月現在）。これは戦争や災害などの非常時に石油の供給が途絶えないようにするために備えたものである。将来的に，太陽光発電や風力発電のような再生可能エネルギー由来の電気が増えた時代の備蓄について考えてみよう。例えば，日本全体の電力使用量の1箇月分を蓄えるために必要な蓄電装置のコストを求めてみよ。ただし，蓄電装置のコストの目安として，揚水発電の2.3万円/kWhを用い，日本の年間総発電電力量は1.2兆kWhとする。

〔**6.4**〕 14畳用のルームエアコン，標準家庭用の24号のガス給湯器，1 500 ccの自動車の出力を比較してみよ。

引用・参考文献

1) National Institute of Standards and Technology Ed.：NIST-JANAF Thermochemical Tables, https://janaf.nist.gov/（1998）
2) 金子祥三：次世代火力発電の課題と動向，第 24 回動力・エネルギー技術シンポジウム（2019）
3) 谷下市松：工業熱力学基礎編，裳華房（1981）
4) アトキンス：物理化学（上）第 6 版，東京化学同人（2001）
5) 菅　　宏：はじめての化学熱力学，岩波書店（1999）
6) 渡辺　正，中林誠一郎：電子移動の化学 ―電気化学入門，朝倉書房（1996）
7) 経済産業省資源エネルギー庁：エネルギー白書（2017）

演習問題解答

1章

〔1.1〕 まず，エントロピーの全微分は

$$\mathrm{d}s = \left(\frac{\partial s}{\partial T}\right)_v \mathrm{d}T + \left(\frac{\partial s}{\partial v}\right)_T \mathrm{d}v$$

である。この式に定積比熱の定義

$$c_v = \left(\frac{\partial q}{\partial T}\right)_v = T\left(\frac{\partial s}{\partial T}\right)_v$$

と，マクスウェルの関係式 $(\partial s/\partial v)_T = (\partial p/\partial T)_v$ を代入すると

$$T\mathrm{d}s = c_v \mathrm{d}T + T\left(\frac{\partial s}{\partial v}\right)_T \mathrm{d}v = c_v \mathrm{d}T + T\left(\frac{\partial p}{\partial T}\right)_v \mathrm{d}v$$

となる（マクスウェルの関係式については，問題〔2.1〕を参照のこと）。

一方，第一法則 $T\mathrm{d}s = \mathrm{d}u + p\mathrm{d}v$ が成り立つので，上式と合わせると次式を得る。

$$\mathrm{d}u = c_v \mathrm{d}T + \left\{T\left(\frac{\partial p}{\partial T}\right)_v - p\right\}\mathrm{d}v$$

理想気体では，右辺第二項はゼロである。したがって，理想気体の内部エネルギーは

$$\mathrm{d}u = c_v \mathrm{d}T$$

となり，温度だけの関数であることが示された。

同様に，エントロピーの全微分

$$\mathrm{d}s = \left(\frac{\partial s}{\partial T}\right)_v \mathrm{d}T + \left(\frac{\partial s}{\partial p}\right)_T \mathrm{d}p$$

に，定圧比熱の定義

$$c_p = \left(\frac{\partial q}{\partial T}\right)_p = T\left(\frac{\partial s}{\partial T}\right)_p$$

と，マクスウェルの関係式 $(\partial s/\partial p)_T = -(\partial v/\partial T)_p$ を代入すると

$$T\mathrm{d}s = c_p \mathrm{d}T + T\left(\frac{\partial s}{\partial p}\right)_T \mathrm{d}p = c_p \mathrm{d}T - T\left(\frac{\partial v}{\partial T}\right)_p \mathrm{d}p$$

が得られる。第一法則 $T\mathrm{d}s = \mathrm{d}h - v\mathrm{d}p$ と合わせると

$$\mathrm{d}h = c_p \mathrm{d}T + \left\{v - T\left(\frac{\partial v}{\partial T}\right)_p\right\}\mathrm{d}p$$

となり，これに理想気体の状態方程式を代入すると，右辺第二項はゼロとなる。したがって，理想気体のエンタルピーは

$$\mathrm{d}h = c_p \mathrm{d}T$$

となり，温度だけの関数であることが示された。

〔**1.2**〕　理想気体の比内部エネルギーと比エンタルピーは，$\mathrm{d}u = c_v\mathrm{d}T$，$\mathrm{d}h = c_p\mathrm{d}T$ である。これらを単位質量当りの損失のない第一法則の式 $\delta q = \mathrm{d}u + p\mathrm{d}v = \mathrm{d}h - v\mathrm{d}p$ に代入すると

$$c_v\mathrm{d}T + p\mathrm{d}v = c_p\mathrm{d}T - v\mathrm{d}p$$

となる。また理想気体の状態方程式から $d(pv) = R\mathrm{d}T$ であるので

$$(c_p - c_v)\mathrm{d}T = p\mathrm{d}v + v\mathrm{d}p = R\mathrm{d}T$$

すなわち $c_p - c_v = R$ の関係が得られる。定圧で加熱する場合のほうが，定積で加熱する場合よりも体積膨張する分だけ余計に熱を加えなければならない。

〔**1.3**〕　単原子分子の定積モル比熱と定圧モル比熱は，それぞれ一般気体定数を用いて $c_v = (3/2)R_0$，$c_p = (5/2)R_0$ である。したがって，体積一定で加熱した場合の加熱量は $q_v = c_v\mathrm{d}T = (3/2)R_0\mathrm{d}T = (3/2) \times 8.314 \times (300 - 200) = 1\,247$ J/mol となり，圧力一定で加熱した場合の加熱量は $q_p = c_p\mathrm{d}T = (5/2)R_0\mathrm{d}T = (5/2) \times 8.314 \times (300 - 200) = 2\,079$ J/mol である。1 モル当りの体積を v とすると，理想気体の状態方程式から，圧力一定では $p\Delta v = R_0\Delta T$ が成り立ち，q_p は q_v よりも膨張仕事の分 $p\Delta v$ だけ大きく，その差は 831.4 J/mol である。

〔**1.4**〕　体積流量 24 l/min は，質量流量に換算すると 0.4 kg/s になる。これを 35℃ 昇温するのに必要なエネルギーは $0.4 \times (40 - 5) = 14$ kW である。このエネルギーは仕事で加えることもできる。例えば，ジュールの羽根車の実験のように，出力が 14 kW のエンジンを持って来て，その軸で流れる水を攪拌（かくはん）して，その乱れが粘性により散逸されるのを待てば，水を昇温することが可能である（やる人はいないと思うが）。

〔**1.5**〕　近似的に空気を理想気体と仮定し，$pv^\kappa = \mathrm{const.}$ の関係を用いて $p\mathrm{d}v$ を積分したものに流動仕事 pv の出入口での差を加えたり，あるいは内部エネルギー変化に流動仕事 pv の差を加えたりして求めてもよいが，定常流動系に対しては，比エンタルピー差

$$\Delta h = 477.42 - 273.29 = 204.13 \text{ kJ/kg}$$

を求め，これに流量 1 kg/s を乗じることで，必要な工業仕事 204.13 kW を得る。エンタルピーがいかに便利か実感できると思う。

〔**1.6**〕　比内部エネルギー，比容積，速度をそれぞれ，u, v, w とおくと，式 (1.3) から

$$u_1 + p_1v_1 + \frac{w_1^2}{2} = u_2 + p_2v_2 + \frac{w_2^2}{2}$$

〔**1.7**〕　損失がない場合，流れに乗った相対座標系の検査体積において，熱力学第一法則 $\delta q = \mathrm{d}u + p\mathrm{d}v$ が成り立つ。ここで，系が断熱（$\delta q = 0$）されていて，流体が

非圧縮性（$\mathrm{d}v = 0$）の場合，内部エネルギーは一定（$\mathrm{d}u = 0$）となる。また，比容積 v と密度 ρ の間には $v = 1/\rho$ の関係があるので，問題〔1.6〕のエネルギー保存は

$$p_1 + \frac{\rho w_1^2}{2} = p_2 + \frac{\rho w_2^2}{2}$$

となる。これはベルヌーイの式である。このように，ベルヌーイの式は，損失のない非圧縮性流れのエネルギー保存則である。

〔**1.8**〕 単位質量当りの運動エネルギー変化は

$$\frac{w_2^2}{2} - \frac{w_1^2}{2} = u_1 + p_1 v_1 - u_2 - p_2 v_2 = -(h_2 - h_1)$$

なので，比エンタルピー変化に負号を付けたものに等しい。理想気体の場合は温度だけの関数となり

$$\frac{w_2^2}{2} - \frac{w_1^2}{2} = -c_p(T_2 - T_1)$$

だけ運動エネルギーは増加する。

2章

〔**2.1**〕 状態 (x, y) から状態 $(x + \mathrm{d}x,\ y + \mathrm{d}y)$ に変化したときに，ある物理量 $z(x, y)$ が $z + \mathrm{d}z$ に変化し

$$\mathrm{d}z = M\mathrm{d}x + N\mathrm{d}y$$

と記述されたとき，$\mathrm{d}z$ が全微分となる条件は

$$M = \left(\frac{\partial z}{\partial x}\right)_y, \qquad N = \left(\frac{\partial z}{\partial y}\right)_x$$

である。また M と N には

$$\left(\frac{\partial M}{\partial y}\right)_x = \left(\frac{\partial N}{\partial x}\right)_y$$

が成り立つ。

ここで，第一法則から，比内部エネルギー u，比エンタルピー h，比ギブス自由エネルギー g，比ヘルムホルツ自由エネルギー a に対して

$$\mathrm{d}u = T\mathrm{d}s - p\mathrm{d}v, \qquad \mathrm{d}h = T\mathrm{d}s + v\mathrm{d}p$$

$$\mathrm{d}g = v\mathrm{d}p - s\mathrm{d}T, \qquad \mathrm{d}a = -p\mathrm{d}v - s\mathrm{d}T$$

が成り立つ。それぞれに，全微分の条件 $(\partial M/\partial y)_x = (\partial N/\partial x)_y$ を適用すると，マクスウェルの関係式が得られる。

〔**2.2**〕 タービンは定常流動系とみなせるので，この場合に得られる工業仕事はエンタルピー差で計算できる。その値は，可逆断熱膨張させたときの出入口の比エンタルピー差に質量流量と断熱効率を乗じたものである。したがって

$L_t = (1\,970 - 880) \times 100 \times 0.8 = 87\,200\ \mathrm{kW}$

となる。

〔**2.3**〕 圧縮機の場合も同様に計算するが，この場合は可逆断熱膨張させたときのエンタルピー差を断熱効率で割ることに注意せよ。ここで，圧縮機入口，可逆断熱圧縮後，不可逆断熱圧縮後のエンタルピーを，それぞれ H_1, H_2, H_3 とすると，圧縮機の断熱効率は $\eta = (H_2 - \mathrm{H}_1)/(H_3 - H_1)$ と定義される。このように膨張機，圧縮機の断熱効率は，いずれも1以下になるように定義される。

$L_t = (1\,970 - 880) \times 100/0.75 = 145\,000\ \mathrm{kW}$

〔**2.4**〕 まず，状態1から圧力 p_2 まで可逆的に断熱圧縮したときの出口温度を求める。断熱され損失がない場合の第一法則は，理想気体の場合

$$c_p \mathrm{d}T - v\mathrm{d}p = 0$$

である。これと理想気体の状態式 $pv = RT$ から

$$c_p \frac{dT}{T} - R\frac{\mathrm{d}p}{p} = 0$$

が得られる。これを変形して

$$c_p \ln T - R\ln p = 一定 \qquad \therefore \quad T^{c_p}p^{-R} = 一定$$

$$\therefore \quad Tp^{(c_v - c_p)/c_p} = 一定 \qquad \therefore \quad Tp^{\frac{1-\kappa}{\kappa}} = 一定$$

を得る。ここで，マイヤーの関係式 $c_p - c_v = R$ を用いた。したがって，可逆断熱膨張後の温度を T_{rev} とすると

$$\frac{T_{\mathrm{rev}}}{T_1} = \left(\frac{p_2}{p_1}\right)^{\frac{\kappa-1}{\kappa}}$$

となる。

一方，第一法則 $T\mathrm{d}s = c_p \mathrm{d}T - v\mathrm{d}p$ より，定圧では $\mathrm{d}s = c_p(\mathrm{d}T/T)$ である。可逆断熱圧縮後の状態と不可逆断熱膨張後の状態2は，同じ圧力にあるので，そのエントロピー差は

$$\Delta s = c_p \ln\frac{T_2}{T_{\mathrm{rev}}} = c_p \ln\frac{T_2}{T_1}\left(\frac{p_2}{p_1}\right)^{\frac{1-\kappa}{\kappa}}$$

である。状態量は経路によらないので，これは不可逆断熱圧縮したときのエントロピー生成に等しい。

〔**2.5**〕 理想気体の単位質量当りの圧縮仕事は，状態2と状態1のエンタルピー差に等しい。すなわち

$$w = c_p(T_2 - T_1)$$

である。

一方，可逆断熱圧縮の場合の圧縮仕事は

$$w_{\mathrm{rev}} = c_p(T_2 - T_{\mathrm{rev}}) = c_p\left\{T_2 - T_1\left(\frac{p_2}{p_1}\right)^{\frac{\kappa-1}{\kappa}}\right\}$$

である。

したがって，この圧縮機の断熱効率は

$$\eta = \frac{w_{\mathrm{rev}}}{w} = \frac{T_2 - T_1\left(\dfrac{p_2}{p_1}\right)^{\frac{\kappa-1}{\kappa}}}{T_2 - T_1}$$

となる。

〔**2.6**〕 まずp–V線図で考える。状態3を通る等エンタルピー線（理想気体なので等温線と同じ）と可逆断熱膨張線1→2との交点を状態3′とすると，$H_{3'} - H_1$は不可逆圧縮に要した工業仕事であるとともに，可逆変化1→3′の左側の面積$-\int_1^{3'} V\mathrm{d}p$と等しい。一方，$-\int_1^2 V\mathrm{d}p$は可逆的に圧縮した場合に必要な工業仕事である。したがって，不可逆的に圧縮した場合と可逆的に圧縮した場合の差分に相当する面積は，$-\int_2^{3'} V\mathrm{d}p$となる（**解図 2.1**(a)）。

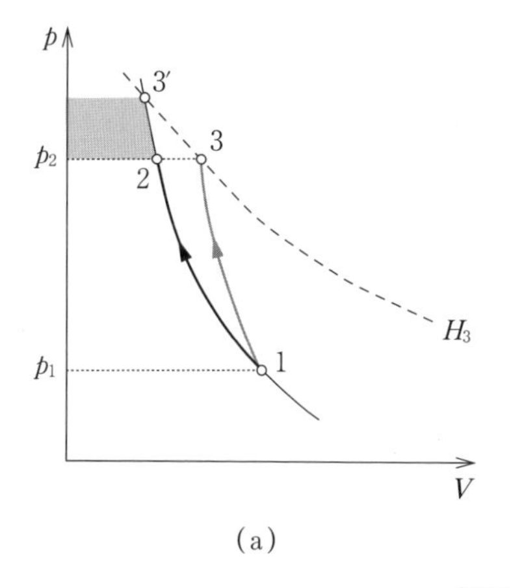

(a)

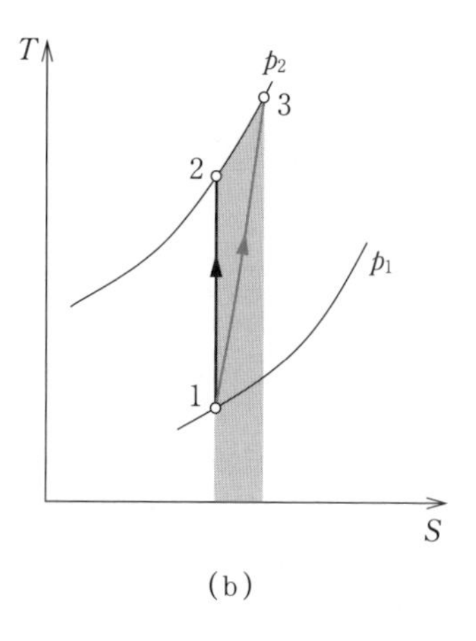

(b)

解図 2.1

つづいて，T-S線図で考える。不可逆圧縮された状態3は可逆圧縮された状態2よりも高いエンタルピーの状態にある。その増分は状態2から状態3まで圧力一定のまま可逆的に加熱した場合の加熱量と同じである（エンタルピーは状態量なので経路によらない）。したがって，その増分は$\int_2^3 T\mathrm{d}S$の面積に相当する（解図(b)）。このように，T–S線図では仮想の状態3′を考える必要がなく，仕事に相当する量を熱に置き換えることで，非常に簡単に考えることができる。

〔**2.7**〕 第二法則

$$T\mathrm{d}S = \delta Q + T\cdot P_s \qquad (P_s \geqq 0)$$

と，定積の場合の第一法則 $\delta Q = \mathrm{d}U$ から

$$T\mathrm{d}S - \mathrm{d}U = T\cdot P_s \geqq 0$$

の関係が得られる。さらに温度も一定の場合は，定義から $\mathrm{d}A = \mathrm{d}U - T\mathrm{d}S$ となるので

$$\mathrm{d}A \leqq 0$$

となる。すなわち定温定積の閉じた系では，いかなる変化でもヘルムホルツ自由エネルギーが必ず減少する。最終的に，系はヘルムホルツ自由エネルギーが極小の状態（平衡）に至る。すなわち，定温定積での平衡条件は

$$\mathrm{d}A = 0$$

となる。

3章

〔**3.1**〕 標準エンタルピー変化は

$$\Delta H^\circ = \frac{3}{2}\Delta_f H^\circ_{H_2O} + \frac{1}{2}\Delta_f H^\circ_{N_2} - \Delta_f H^\circ_{NH_3} - \frac{3}{4}\Delta_f H^\circ_{O_2}$$

$$= -\frac{3}{2}\times 247.857 + 55.013 = -316.773\ \mathrm{kJ} \qquad (\mathrm{LHV})$$

標準ギブス自由エネルギー変化は

$$\Delta G^\circ = \frac{3}{2}\Delta_f G^\circ_{H_2O} + \frac{1}{2}\Delta_f G^\circ_{N_2} - \Delta_f G^\circ_{NH_3} - \frac{3}{4}\Delta_f G^\circ_{O_2}$$

$$= -\frac{3}{2}\times 192.590 - 61.910 = -350.795\ \mathrm{kJ} \qquad (\mathrm{LHV})$$

〔**3.2**〕 H_2 と N_2 は標準物質なので，この反応の標準エンタルピー変化は

$$\Delta H^\circ = -\Delta_f H^\circ_{NH_3} = 55.013\ \mathrm{kJ/mol}$$

標準ギブス自由エネルギー変化は

$$\Delta G^\circ = -\Delta_f G^\circ_{NH_3} = -61.910\ \mathrm{kJ/mol}$$

となる。ΔH° が正なので，この反応は吸熱反応である。また，ΔG° が負なので 1 000 K においてアンモニアは自発的に分解する。つまり，アンモニア 1 モルから水素 3/2 モルが得られる。

〔**3.3**〕 この反応は，$\Delta H^\circ < 0$ なので発熱反応である。つまり，燃焼させた場合は ΔH° に相当する量だけ発熱する。一方，可逆的に非膨張仕事を取り出した場合は，$|\Delta G^\circ| > |\Delta H^\circ|$ なので，反応熱以上に非膨張仕事を取り出せる。非膨張仕事をエンタルピー差以上に取り出しているので，ΔG° と ΔH° の差である $T\Delta S^\circ = -\Delta G^\circ + \Delta H^\circ$ の

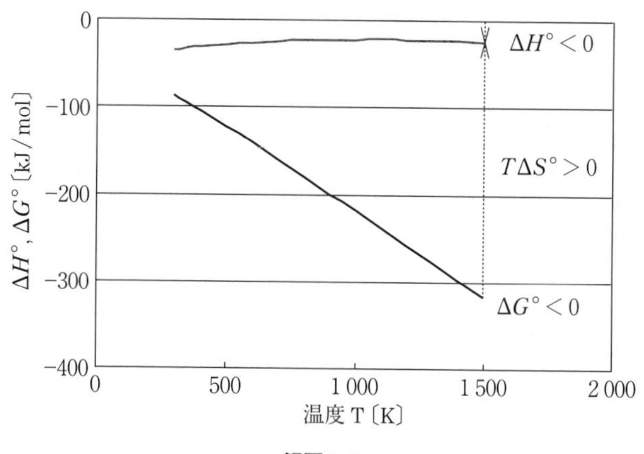

解図 3.1

分だけ周囲から吸熱する（**解図 3.1**，上の下向き矢印が系と外界がやり取りする熱量）。

〔**3.4**〕　この反応は，図 3.4 に示したメタンの水蒸気改質反応の逆反応である。つまり，図 3.4 の縦軸の正負を逆にして考えればよい。すなわち，$CO + 3H_2 \rightarrow CH_4 + H_2O$ の反応は，温度 $T = 880$ K 以下で $\Delta G^\circ < 0$ となり，$|\Delta G|$ の値は低温ほど大きくなるので，温度 $T = 880$ K 以下で温度が低いほどメタンが合成されやすい。

〔**3.5**〕　例題 3.3 より

$$f = p \exp\left(\frac{bp}{R_0 T}\right)$$

である。これに値を代入すると

$$f = 50.0 \times \exp\left(\frac{3.913 \times 10^{-5} \times 50.0 \times 10^5}{8.314 \times 298.15}\right) = 50.0 \times 1.082 = 54.1 \text{ bar}$$

となる。

4章

〔**4.1**〕　状態方程式 $(150 \times 101\,300) \times (47/1\,000) = m \times 287 \times 298.15$ から，ボンベ内の空気の質量は

$$m = 8.346 \text{ kg}$$

である。理想気体の第一法則と状態式から得られる $\mathrm{d}s = c_p(\mathrm{d}T/T) - R(\mathrm{d}p/p)$ の関係において，温度一定の場合は $\mathrm{d}s = -R(\mathrm{d}p/p)$ であるから，標準周囲環境の比エントロピーを s°とすると

$$s - s^\circ = -R \ln \frac{p}{p^\circ}$$

である。この理想気体の比エクセルギーは，式 (4.8) において温度を一定，すなわち

比内部エネルギーを一定とした場合

$$e = -T^\circ(s - s^\circ) + p^\circ(v - v^\circ) = RT^\circ \ln\frac{p}{p^\circ} + p^\circ(v - v^\circ)$$

で表される。したがって，ボンベ内の空気のエクセルギーは

$$E = -mT^\circ(s - s^\circ) + mp^\circ(v - v^\circ) = mRT^\circ \ln\frac{p}{p^\circ} + mRT^\circ\left(\frac{p^\circ}{p} - 1\right)$$

$$= 8.346 \times 287 \times 298.15 \times \left(\ln 150 + \frac{1}{150} - 1\right) = 2\,869\,000\ \mathrm{J}$$

となる。

別な解き方として，150 atm からわずかな圧力比で可逆断熱膨張させ，温度が下がったら即座に温度 $T^\circ = 25$℃ の標準周囲環境の熱を用いて $T^\circ = 25$℃ まで圧力一定で可逆的に加熱し，またわずかな圧力比で膨張させて定圧で 25℃ に戻すというプロセスを繰り返す場合を考える。このとき 1 回当りの膨張比が微小であれば，温度は $T^\circ = 25$℃ で一定とみなせるので，最大仕事は

$$E = -m\int_{150\ \mathrm{atm}}^{1\ \mathrm{atm}} v\mathrm{d}p = -mRT^\circ\int_{150\ \mathrm{atm}}^{1\ \mathrm{atm}} \frac{1}{p}\,\mathrm{d}p = -mRT^\circ[\ln p]_{150\ \mathrm{atm}}^{1\ \mathrm{atm}}$$

$$= -mRT^\circ \ln\frac{1}{150}$$

となる。これに大気圧の空気を膨張するための仕事 $mp^\circ(v - v^\circ)$ を加えれば，先に求めたものと同じ値となる（$mp^\circ(v - v^\circ) < 0$ なので，この分エクセルギーは $mRT^\circ \ln 150$ より少なくなる）。温度，すなわちエンタルピーが一定なので，吸熱した分だけ仕事して取り出せるということになる。

なお当り前のことであるが，温度が一定の場合は $pv =$ 一定，すなわち $v_2/v_1 = p_1/p_2$ となり，膨張仕事

$$\int_1^2 p\mathrm{d}v = RT^\circ\int_1^2 \frac{1}{v}\,\mathrm{d}v = RT^\circ \ln\frac{v_2}{v_1}$$

と工業仕事

$$-\int_1^2 v\mathrm{d}p = -RT^\circ\int_1^2 \frac{1}{p}\,\mathrm{d}p = -RT^\circ \ln\frac{p_2}{p_1}$$

は等しい。

〔**4.2**〕 温度 T，圧力 p の理想気体が，温度 T°，圧力 p° の標準周囲まで変化した際のエントロピー変化は

$$\Delta s = c_p \ln\frac{T}{T^\circ} - R\ln\frac{p}{p^\circ}$$

であるから，定量流動系の比エクセルギーは

$$e = c_p(T - T^\circ) - T^\circ(s - s^o) = c_p(T - T^\circ) - T^\circ\left(c_p \ln\frac{T}{T^\circ} - R\ln\frac{p}{p^\circ}\right)$$

と表される。したがって，圧力 1 atm と 5 atm の空気の比エクセルギーは，それぞれ

$$e_{1\,\mathrm{atm}} = 1\,005 \times (673.15 - 298.15) - 298.15 \times \left(1\,005.0 \times \ln\frac{673.15}{298.15}\right) = 132\,900\ \mathrm{J/kg}$$

$$e_{5\,\mathrm{atm}} = 1\,005 \times (673.15 - 298.15) - 298.15 \times \left(1\,005.0 \times \ln\frac{673.15}{298.15} - 287.0 \times \ln\frac{5}{1}\right)$$

$$= 270\,600\ \mathrm{J/kg}$$

となる。

〔**4.3**〕 空気の定積比熱は，$c_v = c_p - R = 1\,005.0 - 287.0 = 718.0\ \mathrm{J/(kg \cdot K)}$ である。閉じた系の比エクセルギーは式 (4.8) で表されるので，理想気体の場合は

$$e = (u - u^\circ) - T^\circ(s - s^\circ) + p^\circ(v - v^\circ)$$

$$= c_v(T_1 - T^\circ) - T^\circ\left(c_p \ln\frac{T_1}{T^\circ} - R\ln\frac{p_1}{p^\circ}\right) + p^\circ\left(\frac{RT_1}{p_1} - \frac{RT^\circ}{p^\circ}\right)$$

$$= c_v(T_1 - T^\circ) - T^\circ\left(c_p \ln\frac{T_1}{T^\circ} - R\ln\frac{p_1}{p^\circ}\right) + R\left(\frac{p^\circ}{p_1}T - T^\circ\right)$$

である。したがって，1 atm と 5 atm の空気の比エクセルギーは

$$e_{1\,\mathrm{atm}} = 718.0 \times (673.15 - 298.15) - 298.15 \times \left(1\,005.0 \times \ln\frac{673.15}{298.15}\right)$$

$$+ 287.0 \times (673.15 - 298.15)$$

$$= 132\,900\ \mathrm{J/kg}$$

$$e_{5\,\mathrm{atm}} = 718.0 \times (673.15 - 298.15) - 298.15 \times \left(1\,005.0 \times \ln\frac{673.15}{298.15} - 287.0 \times \ln\frac{5}{1}\right)$$

$$+ 287.0 \times \left(\frac{1}{5} \times 673.15 - 298.15\right)$$

$$= 116\,000\ \mathrm{J/kg}$$

となる。

問題〔4.2〕の定常流動系では，系に流入する際の流動仕事がエクセルギーに含まれているが，本問題の閉じた系では，入口流動仕事のうち標準周囲のなす流動仕事分を除いた残り $(p - p^\circ)v$ だけエクセルギーは定常流動系よりも小さくなる。両者の違いは高圧の場合ほど大きく，1 atm の場合にはその差はない。

〔**4.4**〕 状態 1 は 1 atm の定圧線よりも左側にあるので，高圧の状態にある。まずこの状態から 1 atm の状態 2 まで可逆断熱膨張させたときの仕事を考える。この仕事に相当する面積は，**解図 4.1** (a) において状態 2 と同じ温度（エンタルピー）の状態 3 まで熱として取り出した場合の面積と同じになる。

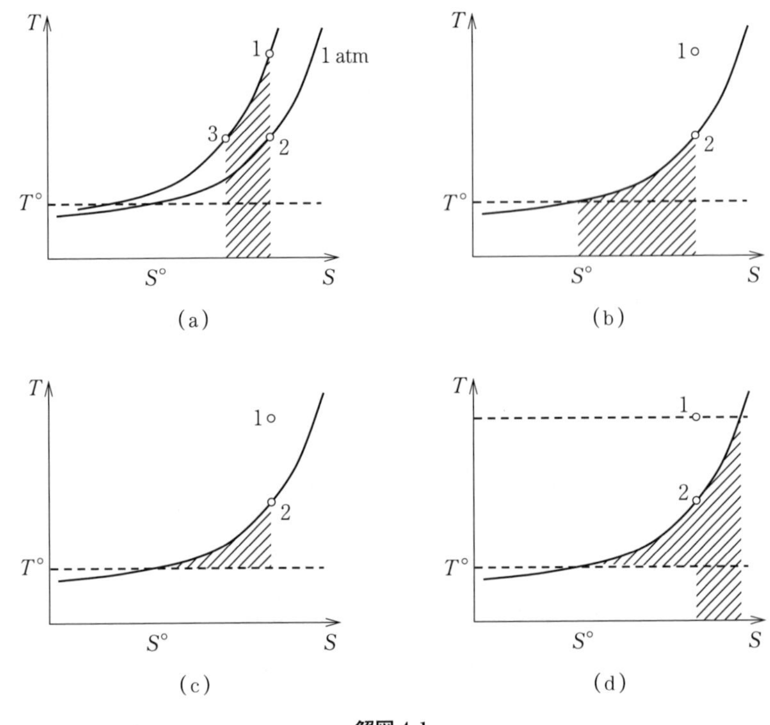

解図 4.1

ここで状態2は，環境温度 T°よりも高温の状態にある。状態2からは，解図(b)の面積に相当する熱が環境に取り出せる。この熱を吸熱して，環境に放熱する熱機関を考えると，解図(c)の面積に相当する仕事が取り出せる。

得られる仕事の合計は，解図(a)を右に平行移動して解図(c)に加えたものと等しいので，解図(d)のようになる。この面積は，式(4.12)の

$$E = -\Delta H + T^{\circ}\Delta S = (H - H^{\circ}) - T^{\circ}(S - S^{\circ})$$

と合致する。

〔**4.5**〕 式(4.15)から，1 atm の流体のエクセルギー率は

$$\frac{e}{-\Delta H} = \frac{c_{\mathrm{p}}(T - T^{\circ}) + c_{\mathrm{p}} T^{\circ} \ln \dfrac{T^{\circ}}{T}}{c_{\mathrm{p}}(T - T^{\circ})}$$

で表される。40℃のお湯のエクセルギー率は，上式から0.024 3となる。水200リットルを15℃から40℃まで加熱するのに必要な熱量は

$$\frac{200}{1\,000} \times 998 \times 4\,180 \times (40 - 15) = 2.09 \times 10^7\ \mathrm{J}$$

である。この熱を93.2%のエクセルギー率のメタンの燃焼熱で得たので，加熱のために投入されたエクセルギーは1.94×10^7 Jとなる。この熱が，エクセルギー率2.43%である40°Cのお湯になると，そのエクセルギーは5.07×10^5 Jとなる。すなわち，1.89×10^7 Jのエクセルギーが失われる。これは加熱量の90.8%に相当する。

〔**4.6**〕 このコンクリート塊と同じ熱容量100 × 880 = 88 000J/Kに相当する量の25°Cの大気を，このコンクリート塊と熱交換して225°Cまで加熱することを考える。このとき，加熱空気が得たエクセルギーは，コンクリート塊がもつエクセルギー量に等しい。したがって，式(4.15)の関係を用いて

$$E = 100 \times 880\left\{(498.15 - 298.15) - 298.15 \ln \frac{498.15}{298.15}\right\} = 4\,132\,000\ \mathrm{J}$$

この結果は，別な考え方でも求められる。コンクリートが放熱して環境温度25°Cになる過程において，温度Tのとき$\mathrm{d}T$（< 0）だけ降温して$|\delta Q|$だけ放熱したとき，質量が100 kgで比熱が880 J/(kg·K)なので

$$|\delta Q| = -100 \times 880\,\mathrm{d}T$$

が成り立つ。また，このとき取り出せる最大仕事δLは，カルノー効率を用いて

$$\delta L = \left(1 - \frac{298.15}{T}\right)|\delta Q| = -100 \times 880\left(1 - \frac{298.15}{T}\right)\mathrm{d}T$$

と記述できる。したがって，コンクリートが225°Cから25°Cまで変化する際の最大仕事，すなわちエクセルギーは

$$E = -\int_{498.15}^{298.15} 100 \times 880\left(1 - \frac{298.15}{T}\right)\mathrm{d}T$$

$$= 100 \times 880\left\{(498.15 - 298.15) - 298.15 \ln \frac{498.15}{298.15}\right\} = 4\,132\,000\ \mathrm{J}$$

となり，最初に求めたのと同じ結果が得られる。

〔**4.7**〕 圧力一定であれば，気液二相の吸熱プロセスと放熱プロセス（蒸発と凝縮）は，それぞれ一定の飽和温度で進行する。すなわち，等温で吸放熱することが可能である。一方，通常の圧縮機，膨張機，ポンプなどは，気相または液相の単相の流体を圧縮したり膨張したりする装置である。ここで，気液二相で等エントロピー圧縮あるいは等エントロピー膨張できる気液二相圧縮機や気液二相膨張機があれば，T–S線図上で長方形のサイクル，すなわちカルノーサイクルを実現できる（**解図4.2**）。気液二相圧縮または気液二相膨張では，圧縮または膨張される過程で相変化が伴い，乾き度の異なる気液二相状態に変化する。減圧沸騰のように，断熱されていても圧力が変化すれば相変化して体積が変化する。

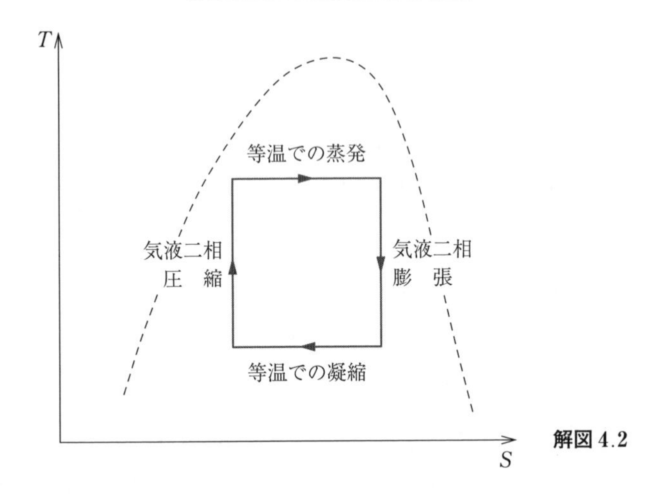

解図 4.2

容積型圧縮機や容積型膨張機では潤滑用の冷凍機油が液相の作動流体に溶け込んで流出したり，ターボ機械では液滴によるエロージョン（浸食）のリスクがあるなど，実現に向けた技術課題はあるが，このような気液二相状態を利用すれば，理屈としてはカルノーサイクルを実現することは可能である。

5章

〔**5.1**〕　上の反応を酸化側で使い，下の反応を還元側で使うので

$$E^\circ = 0.22 - 0.80 = -0.58\ \mathrm{V}$$

〔**5.2**〕　式(5.21)と式(5.22)は

$$\frac{1}{2}\mathrm{O_2(g)} + 2\mathrm{H^+(aq)} + 2\mathrm{e^-} \rightarrow \mathrm{H_2O(l)}, \qquad E^\circ = +1.229\ \mathrm{V\ vs.\ SHE}$$

$$\therefore \quad E = 1.229 + \frac{R_0 T}{2F}\ln\frac{p_{\mathrm{O_2}}^{1/2}[\mathrm{H^+}]^2}{a_{\mathrm{H_2O(l)}}}$$

である。還元体の水は活量 $a_{\mathrm{H_2O(l)}} = 1$ であり，$p_{\mathrm{O_2}} = 1\ \mathrm{bar}$ なので，ネルンストの式は

$$E = 1.229 + \frac{R_0 T}{F}\ln[\mathrm{H^+}] = 1.229 + 2.303\frac{R_0 T}{F}\log_{10}[\mathrm{H^+}]$$

$$= 1.229 - 2.303\frac{R_0 T}{F}\mathrm{pH}$$

と変形できる。温度が25℃のとき

$$E = 1.229 - 2.303\frac{8.314\times 298.15}{96\,485}\mathrm{pH} = 1.229 - 0.059\,2\,\mathrm{pH}\quad〔\mathrm{V\ vs.\ SHE}〕$$

と表される。

〔**5.3**〕 上記の反応を二つの半反応に分けて考える。

$$Fe^{2+}(aq) + 2e^- \rightarrow Fe(s), \qquad E^\circ = -0.44\ \mathrm{V\ vs.\ SHE}$$

$$2H^+(aq) + \frac{1}{2}O_2(g) + 2e^- \rightarrow H_2O(l), \qquad E^\circ = +1.229\ \mathrm{V\ vs.\ SHE}$$

このとき，全反応の電位差は

$$Fe(s) + 2H^+(aq) + \frac{1}{2}O_2(g) \rightarrow Fe^{2+}(aq) + H_2O(l), \qquad E^\circ = +1.67\ \mathrm{V\ vs.\ SHE}$$

となる。$E^\circ > 0$，すなわち $\Delta G < 0$ なので，右向きの反応（腐食）が自発的に進みやすい。

また，$2H^+(aq) + (1/2)O_2(g) + 2e^- \rightarrow H_2O(l)$ のネルンストの式は

$$E = 1.229 + \frac{R_0 T}{2F}\ln\frac{p_{O_2}^{1/2}[H^+]^2}{a_{H_2O(l)}}$$

なので，$[H^+]$ が大きくなるほど全反応の電位差も大きくなる，すなわち，腐食が進行しやすくなる。

〔**5.4**〕 この反応の標準ギブス自由エネルギー変化は

$$\Delta G^\circ = \Delta_f G^\circ_{CO} + \frac{1}{2}\Delta_f G^\circ_{O_2} - \Delta_f G^\circ_{CO_2}$$

$$= -137.163 + \frac{1}{2}\times 0 + 394.389 = 257.226\ \mathrm{kJ/mol}$$

である。また，この反応で移動する電子は二つなので，必要となる最小の電位差は $-\Delta G^\circ/2F$ である。ファラデー定数 $F = 96\,485\ \mathrm{C/mol}$ を用いて，$257.226\times 10^3/(2\times 96\,485) = 1.333\ \mathrm{V}$ が必要であることがわかる。

なお，水と二酸化炭素を混ぜた状態で電気分解することも可能で，その場合は H_2 と CO の混合ガス（合成ガス）が得られる。この電気分解を**共電解**（co–electrolysis）と呼ぶ。合成ガスは燃料として直接用いるだけでなく，これを原料としてメタンやメタノールなどを合成することも可能である。

〔**5.5**〕 $H_2O(g) \rightarrow H_2(g) + (1/2)O_2(g)$ の反応では，水1モルに対して電子が2モル移動し，また $\Delta G^\circ > 0$ なので，外部から電気仕事を与える必要がある。400 K の場合は $223.901\times 10^3/(2\times 96\,485) = 1.160\ \mathrm{V}$，1 000 K の場合は $192.590\times 10^3/(2\times 96\,485) = 0.998\ \mathrm{V}$ が必要である。すなわち，高温のほうが水の電気分解に必要な電位差は小さい。ただし，$\Delta H^\circ > \Delta G^\circ > 0$ から明らかなように，この反応は吸熱反応であり，ΔG° の仕事以外に熱として外界から吸熱する必要がある。外部からの熱供給があれば，上記の電圧で電気分解が可能だが，外部からの熱供給がなく電力供給しか使えない場合は，電気ヒーターで加熱するか，あるいは不可逆な損失として熱に相当する電気仕事を余計に与えなければならない。すなわち，電気分解の場合はより高い

電圧を与えて不可逆性（過電圧）による内部損失により賄わなければならない。つまり，$\Delta H^\circ/2F$ に相当する電位差を与える必要があり，400 K の場合は $242.846\times10^3/(2\times96\,485)=1.258$ V，1 000 K の場合は $247.857\times10^3/(2\times96\,485)=1.284$ V 必要となる。逆にいえば，この電位差になるまで電流を流す必要があり，その条件を**熱中立点**（thermal neutral point，thermoneutral point）と呼ぶ。

6章

〔**6.1**〕 日本の人口 1.27 億人として，1 次エネルギー供給量を，365 日で割ると

$$\frac{4.56\times10^{15}}{1.27\times10^{8}\times365}=98\,400\ \text{kcal/(人・日)}$$

となり，1 人当り毎日 98 400 kcal 使っていることになる。一方，食料を考えると，人間 1 人が 1 日でおよそ 2 000 kcal を食事として摂取している。つまり，現在の文明生活を維持するためのエネルギー消費は，生命活動を維持するのに必要なエネルギー量の約 50 倍である。

〔**6.2**〕 1 kcal = 1.163×10^{-3} kWh なので，2 000 kcal = 2.33 kWh となる。つまり，われわれが電気で生命を維持できる生物であれば，たったの約 60 円ですむことになる。一般に，電気は高いというイメージがあるが，食費に比べて圧倒的に安いことがわかる。

問題〔6.1〕と併せて考えると，われわれは圧倒的に安いエネルギーを膨大な量使っていることが実感できると思う。

〔**6.3**〕 日本全体の 1 箇月分の電力量は約 1 000 億 kWh である。これを蓄電装置のコストに換算すると

$$\begin{aligned}1\,000\ \text{億 kWh}\times2.3\ \text{万円/kWh}&=1.0\times10^{11}\ \text{kWh}\times2.3\times10^{4}\ \text{円/kWh}\\&=2.3\times10^{15}\ \text{円}=2\,300\ \text{兆円}\end{aligned}$$

となる。1 箇月分の電気を貯（た）めるために，GDP の 4 年分以上の膨大なコストが必要になることがわかる。石油を 7.5 箇月分も備蓄していることと併せて考えると，現実問題として電気を貯めることの難しさがわかると思う。

〔**6.4**〕 通称 14 畳用と呼ばれるエアコンの冷房能力は 4.0 kW である。給湯器の 1 号とは 1 リットルの水を 1 分当り 25℃ 温める能力に相当し，24 号ガス給湯器の場合の給湯能力は 41.9 kW となる。1 500 cc の自動車の馬力を 100 PS だとすると，これは 73.5 kW である。燃焼を利用しないエアコンの出力が，相対的にとても小さいことがわかると思う。化石燃料を燃焼して熱を得たり熱機関を動かすことが許されなくなったら，いまの技術のままではあらゆるものが大型で高価になるであろう。

あとがき

エネルギー変換の主たる目的であり，エネルギー変換装置の主たる機能は熱と仕事を利用することである。本書は，熱力学という学問が熱と仕事というニーズに基づいてどのように生み出され，そして発展してきたのかについて解説した。熱力学は，熱と仕事の総量を表す熱力学第一法則（エネルギー保存則）と，総量のうち取り出せる仕事が目減りする（仕事を加える場合は投入する仕事が増加する）ことを表す熱力学第二法則の二つを基盤として構築されている。われわれが日常的に多く遭遇する定温定圧の系や定常流動系では，これらの法則はエンタルピーやギブス自由エネルギーなどを用いて定式化されており，このことを知れば，これらの状態量がいかに重要かつ便利な変数であるのかが実感できると思う。

熱と仕事はもちろん同じ次元をもつが，一般に熱よりも仕事のほうが現実社会において用途が広くありがたい。この立場に立つと，取り出せる仕事の理論的な上限であるエクセルギーを無駄にせずに使い尽くすことが，エネルギー問題を考える上での最も基本的な方針となる。エクセルギーは，エントロピー生成があると必ず失われることから，エクセルギー損失を減らすことは，エントロピー生成を抑えることと同義である。そして，このエントロピー生成を現実的な手段で抑制できるか否かが，エネルギーに関わる工学の主たる命題である。

それではエントロピー生成（＝エクセルギー損失）の要因はなにであったか？ 例えば，燃焼による化学エネルギーの低温熱への変換，大きな温度差での熱交換，使わずに環境に捨てられている排熱や放熱，摩擦や漏れによる損失，電気抵抗によるジュール発熱など，われわれの社会ではあらゆるところで当り前のようにエントロピーが生成されている。将来，エントロピー生成（エクセルギー損失）を可能なかぎり抑制した社会が実現されることを切に願う。

熱力学は平衡状態を考えるので，どのような技術や社会を目指せばよいのかという理想的なゴールを示してはくれるが，具体的にどのようにそれを実現すればよいのかについてまでは教えてくれない。例えば，温度差のない熱交換には無限大の伝熱面積が必要であるし，燃焼して超高温の熱を利用するためには新しい耐熱材料が必要である。コストをどのくらいかけて，競争力のある製品としてどのように実現すればよいかという現実的な課題を解決するためには，伝熱，物質伝達，反応速度といった速度論，材料工学，加工学，設計学などの実学がなければならない。理想を示す熱力学と，現実解を与えてくれる実学の両輪を使いこなし，将来必要となる新たなエネルギー技術を生み出していってくれる技術者や研究者が増えることを願っている。

2023年2月

鹿園　直毅

索　引

——著者略歴——

1989年　東京大学工学部船舶工学科卒業
1991年　東京大学大学院工学系研究科修士課程修了（船用機械工学専攻）
1994年　東京大学大学院工学系研究科博士課程修了（機械情報工学専攻）
　　　　博士（工学）
1994年　株式会社日立製作所機械研究所勤務
2001年　株式会社日立製作所研究開発本部勤務
2002年　東京大学大学院工学系研究科助教授
2007年　東京大学大学院工学系研究科准教授
2010年　東京大学生産技術研究所教授
　　　　現在に至る

エネルギー変換工学
Energy Conversion Technologies

2023年4月10日　初版第1刷発行

検印省略

著　者　鹿園直毅（しかぞの なおき）
発行者　株式会社　コロナ社
　　　　代表者　牛来真也
印刷所　新日本印刷株式会社
製本所　有限会社　愛千製本所

112-0011　東京都文京区千石 4-46-10
発行所　株式会社　コロナ社
CORONA PUBLISHING CO., LTD.
Tokyo Japan
振替 00140-8-14844・電話(03)3941-3131(代)
ホームページ　https://www.coronasha.co.jp

ISBN 978-4-339-04536-9　C3353　Printed in Japan　（金）

機械系コアテキストシリーズ

（各巻A5判）

■編集委員長　金子 成彦
■編 集 委 員　大森 浩充・鹿園 直毅・渋谷 陽二・新野 秀憲・村上　存（五十音順）

	配本順	書名	著者		頁	本体
		材料と構造分野				
A-1	（第1回）	材料力学	渋谷 陽二・中谷 彰宏	共著	348	3900円
		運動と振動分野				
B-1		機械力学	吉村 卓也・松村 雄一	共著		
B-2		振動波動学	金子 成彦・姫野 武洋	共著		
		エネルギーと流れ分野				
C-1	（第2回）	熱力学	片岡 勲・吉田 憲司	共著	180	2300円
C-2	（第4回）	流体力学	鈴木 康方・関谷 直樹・彭 國義・松島 均・沖田 浩平	共著	222	2900円
C-3	（第6回）	エネルギー変換工学	鹿園 直毅	著	144	2200円
		情報と計測・制御分野				
D-1		メカトロニクスのための計測システム	中澤 和夫	著		
D-2		ダイナミカルシステムのモデリングと制御	髙橋 正樹	著		
		設計と生産・管理分野				
E-1	（第3回）	機械加工学基礎	松村 隆・笹原 弘之	共著	168	2200円
E-2	（第5回）	機械設計工学	村上 存・柳澤 秀吉	共著	166	2200円

定価は本体価格+税です。
定価は変更されることがありますのでご了承下さい。

図書目録進呈◆